자연에서 쉽게 만나는
식용 버섯
독 버섯

자연에서 쉽게 만나는 **식용버섯 독버섯**

초판인쇄 | 2017년 5월 12일
초판발행 | 2017년 5월 18일

지 은 이 | 석순자 · 장현유 · 오득실
펴 낸 이 | 고명흠
펴 낸 곳 | 푸른행복

출판등록 | 2010년 1월 22일 제312-2010-000007호
주   소 | 경기도 고양시 덕양구 통일로 140(동산동)
            삼송테크노밸리 B동 329호
전   화 | (02)3216-8401
팩   스 | (02)3216-8404
이 메 일 | munyei21@hanmail.net
홈페이지 | **www.munyei.com**

ISBN 979-11-5637-067-3 (13400)

ⓒ 석순자 · 장현유 · 오득실, 2017

※ 이 책의 내용을 저작권자의 허락 없이 복제, 복사, 인용, 무단전재하는 행위는 법으로
  금지되어 있습니다.
※ 잘못된 책은 바꾸어 드립니다.
※ 이 도서의 국립중앙도서관 출판예정도서목록(CIP)은 서지정보유통지원시스템 홈페이지
  (http://seoji.nl.go.kr)와 국가자료공동목록시스템(http://www.nl.go.kr/kolisnet)에서
  이용하실 수 있습니다.(CIP제어번호: CIP2017010411)

자연에서 쉽게 만나는

식용 버섯
독 버섯

석순자 · 장현유 · 오득실 共著

푸른행복

[머리말]

　주5일제 근무의 정착과 더불어 여가 및 야외 활동인구가 꾸준히 늘고 있다. 주말이면 도심이나 근교의 산에는 등산복 차림의 사람들로 늘 북적이고, 가까운 공원이나 교외의 경치 좋은 곳에도 어김없이 가족 단위로 나들이하는 모습을 흔히 볼 수 있다. 이러한 생활 패턴의 변화는 산업사회에서 피폐해진 개인의 삶에 참살이(well-being)라는 화두와 함께 유기농 먹거리에 대한 관심도 증가하게 하였다. 그 일환으로 요즘 각종 농장체험이나 체험학습장을 찾는 개인 또는 가족 단위의 인구가 늘면서 가족의 식탁에 올릴 채소를 직접 재배하는 사례도 늘고 있다.

　이와 같은 건강에 대한 관심은 특히 버섯을 비롯한 약초나 산나물의 식용 또는 약용 여부에 대한 관심을 높여, 각종 대중매체에 버섯이 단골로 등장하면서 건강지킴이로서의 기능과 효능이 강조되기도 한다. 그러자 산야에서 우연히 발견한 야생버섯을 그저 몸에 좋을 것이라는 막연한 생각만으로 아무런 관련 지식이나 정보 없이 채취하여 식용하는 경우가 있는데, 이것은 아주 위험한 행동이 아닐 수 없다.

　최근 통계에 따르면, 2006년 이후 10년간 독버섯 중독사고가 꾸준히 늘고 있으며 사망사고도 늘어나는 실정이다. 현재 우리나라에는 약 1,900여 종의 야생버섯이 자생하는 것으로 조사되었으며, 이 중 약 240여 종이

독이 있는 버섯으로 구분되었다. 독버섯 중독사고의 주요 원인은 구전으로 내려오는 식용버섯과 독버섯의 잘못된 판별법 때문이므로, 독버섯 중독사고는 치료보다 예방교육이 매우 중요하다. 특히 우기에는 이름 모를 버섯들이 많이 발생하는 시기이므로 함부로 야생버섯을 채취하거나 이를 섭취하는 것을 금해야 한다.

이 책, 《자연에서 쉽게 만나는 식용버섯 독버섯》은 무분별한 버섯 채취와 섭취로 인한 중독이나 사망 사고를 예방하기 위하여 기획되었다. 버섯 관련하여 출간된 다른 책들을 살펴보면 식용버섯, 약용버섯, 독버섯, 불분명한 버섯 등 여러 가지로 분류하여 일일이 기억하기조차 어려운 것이 사실이다. 하지만 이 책은 식용버섯과 독버섯만으로 대별하여 일반 독자들도 이용하기 쉽게 하였을 뿐만 아니라, 식용버섯의 분포지역까지 명시함으로써 식용버섯과 독버섯을 식별하는 데 혼동하지 않도록 분류하여 정리하였다.

이 책의 발간이 우리나라 독버섯 중독이나 사망 사고 예방에 도움이 되기를 희망한다.

2017년 4월, 저자 일동

CONTENTS

머리말 _ 4
버섯의 일반적인 특성 _ 14

식용버섯 edible mushrooms

개암버섯 24

국수버섯 26

그물버섯아재비 28

기와버섯 30

까치버섯 32

꽃송이버섯 34

꾀꼬리버섯 36

끈적끈끈이버섯 38

자연에서 쉽게 만나는 **식용버섯 독버섯**

노란난버섯	노루궁뎅이	느타리	능이
다발왕송이	다색벚꽃버섯	달걀버섯	망태말뚝버섯
먹물버섯	목이	민자주방망이버섯	비늘새잣버섯
뽕나무버섯	송이	잎새버섯	잿빛만가닥버섯

CONTENTS

주름버섯 72	참부채버섯 74	큰갓버섯 76	팽나무버섯(팽이) 78
표고 80	풀버섯 82	흰굴뚝버섯 84	흰목이 86

자연에서 쉽게 만나는 **식용버섯 독버섯**

독버섯 poisonous mushrooms

1
아마톡신
중독을 일으키는
버섯류 • 90

갈잎에밀종버섯 92

개나리광대버섯 94

독우산광대버섯 96

밤색갓버섯 98

비탈광대버섯 100

이끼에밀종버섯 102

절구무당버섯아재비 104

턱받이종버섯 106

흰알광대버섯 108

CONTENTS

2 지로미트린
중독을 일으키는
버섯류 • 110

112
곰보버섯

114
마귀곰보버섯

116
안장마귀곰보버섯

118
와인잔안장버섯

120
원반버섯

3 코프린
중독을 일으키는
버섯류 • 122

124
갈색먹물버섯

126
배불뚝이연기버섯

128
회색두엄먹물버섯

4 무스카린
중독을 일으키는
버섯류 • 130

132
깔때기버섯

134
바늘땀버섯

136
비늘땀버섯

자연에서 쉽게 만나는 **식용버섯 독버섯**

삿갓땀버섯

솔땀버섯

흰땀버섯

5
이보텐산-무시몰
중독을 일으키는
버섯류 • 144

마귀광대버섯

파리버섯

6
환각
중독을 일으키는
버섯류 • 150

갈황색미치광이버섯

검은띠말똥버섯

검은망그물버섯

계란말똥버섯

노란종버섯

말똥버섯

좀환각버섯

CONTENTS

7 위장관 자극 중독을 일으키는 버섯류 • 166

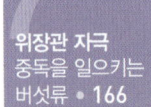
168
갈색고리갓버섯

170
금관버섯

172
긴골광대버섯아재비

174
꽃버섯

176
노란각시버섯

178
노란개암버섯

180
노란대주름버섯

182
노란젖버섯

184
달화경버섯

186
독흰갈대버섯

188
맑은애주름버섯

190
민들레젖버섯

192
밤자갈버섯

194
뱀껍질광대버섯

196
볼록포자갓버섯

자연에서 쉽게 만나는 **식용버섯 독버섯**

새주둥이버섯 198

암회색광대버섯아재비 200

애우산광대버섯 202

오징어새주둥이버섯 204

좀은행잎버섯 206

주홍여우갓버섯 208

큰비늘땀버섯 210

큰우산광대버섯 212

큰주머니광대버섯 214

턱받이광대버섯 216

흰갈대버섯 218

8 트리코테신 중독을 일으키는 버섯류 • 220

붉은사슴뿔버섯 222

찾아보기 _ 224
참고문헌 _ 228

버섯의 일반적인 특성

■ 균류의 특성

균류(fungi)는 진핵생물의 하나로, 효모와 곰팡이, 버섯 등이 포함되며, 진균류라고 부르기도 한다. 균류 세포는 핵막이 있으며 일반적으로 세포벽이 식물과 달리 키틴으로 구성되어 있고, 엽록소 등과 같은 동화색소가 없는 점이 특징이다. 따라서 고등식물처럼 광합성을 하여 스스로 양분을 만들지 못하므로 다른 생물체나 유기물에 기생 또는 부생을 한다. 주로 동식물이 만든 유기물에 의존하여 영양을 섭취하는 형태로 살아간다. 이런 균류는 생태계 내에서 초·목본류의 리그닌과 셀룰로오스를 분해하고 대기 중으로 이산화탄소와 물을 내보낸다. 이들의 생활사는 유성포자가 발아하여, 기질 내에서 생장 상태를 거쳐 다시 원래의 포자 형성을 하는 과정을 말하는데, 반드시 규칙적인 생활사를 거치지는 않는다. 포자는 운동성이 없으므로 바람이나 비, 곤충의 소화기에 의하여 전파된다. 균류는 단시간에 많은 양의 포자를 형성하고, 공중·수중·땅속 등 어느 곳에나 부착한 후 환경조건이 알맞으면 발아하여 균사를 뻗어 살아간다.

균류 중 버섯(mushroom)은 곰팡이의 번식체인 유성포자를 가지는 자실체를 말한다. 즉 균류 중에서 영양생장세대에 균사체(hyphae)로 살아가다가 생식생장세대(유성세대)에서 자실체(버섯)를 만드는 곰팡이를 버섯이라고 부른다. 그래서 버섯은 나무에 달린 사과와 유사하다. 버섯 균사체는 다양한 기질에서 살아간다. 균사체는 기질의 유기물(섬유소, 리그닌 등)을 분해하는 효소를 내어 가용성 영양분을 만들고 이것을 균사체의 성장에 이용한다. 균사체는 습도, 온도, 산도, C/N율 등 다양한 환경 요소가 적합한 상태로 유지되면 기질 내에서 지속적으로 성장한다. 특히 흙에서 성장하는 균사체를 토질성(terrestrial), 나무에서 성장하는 균사체를 호목재성(lignicolous), 분변에서 성장하는 균사체를 분서식성(coprophilous), 다른 버섯 위에서 성장하는 균사체를 버섯기생성(fungicolous)으로 구분한다. 버섯이 잘 자라는 환경요인은 버섯 종별로 차이가 있으나 대부분 인공재배가 가능한 버섯류는 특정 나무와 연관 지어 찾을 수 있다. 그리고 일부 버섯의 균사체는 균근성(mycorrhizal)이라 불리며 살아 있는 나무의 뿌리와 공생 관계를 형성하는 것들도 많이 알려져 있다.

〈헌구두솔버섯의 균사체〉

〈자갈버섯의 자실체〉

〈버섯의 발생장소〉

▌생활사

균사체는 성장 과정에서 다양한 물리적, 화학적, 생물학적, 영양학적 변화로 번식단계인 자실체(mushroom)를 형성한다. 그리고 자실체에서 만들어진 유성포자는 적합한 기질로 낙하하여 두 종류의 균사체로 발아한다. 이 균사체들을 단핵균사체라 부르며, 외관상으로는 유사하지만 각각 다른 핵의 성질을 가진다. 그 중 하나는 플러스(+), 다른 하나는 마이너스(-) 계통이다. 각각 다른 핵을 가진 일차균사(primary mycelia)가 결합하여 두 종류의 세포핵을 갖는 2차균사를 형성한다. 2차균사는 기질 속에 원기(primordium)를 형성하고 환경 요인에 따라 1~3주 후에 균사의 집합체인 어린 자실체(button) 형태로 성장한다. 알 모양의 어린 자실체는 갓과 대로 성장을 해서 성숙한 자실체가 된다. 외피막(universal veil)은 어린 버섯을 완전히 덮는 막이고, 성장하면 대주머니와 갓 표면의 인편이나 돌기로 남게 된다. 자실층(포자형성층)은 주름살과 관공 등으로 성장한 후 포자를 산출하는 조직

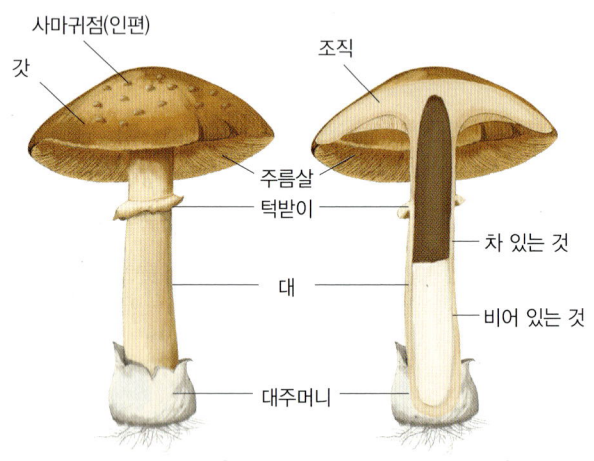

〈버섯의 부위별 명칭〉

이다. 내피막(partial veil)은 자실층을 보호하는 막이며, 대가 땅에서 위쪽으로 길어지면 성숙포자는 비산하기 위해 갓에서 떨어져 대부분 대의 상부에 위치한다. 그래서 내피막의 흔적을 턱받이라 부른다.

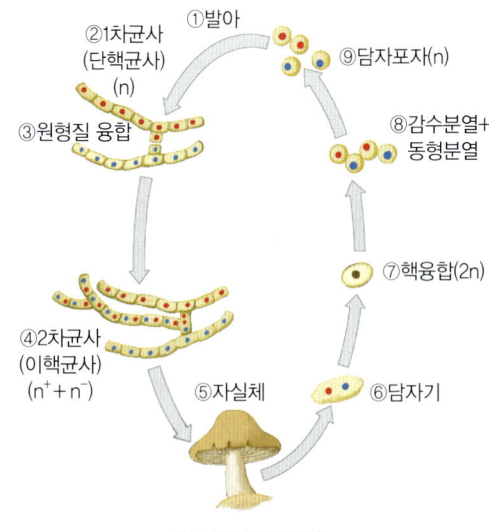

〈버섯의 생활주기〉

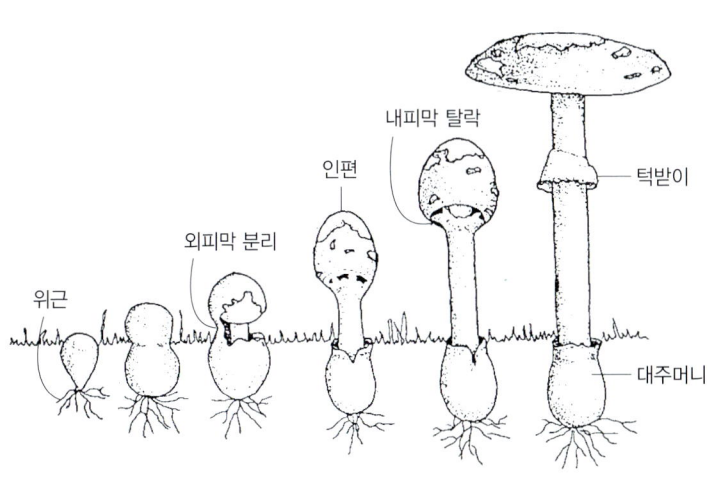

〈버섯(광대버섯)의 성장단계〉

■ 식용버섯과 독버섯의 구별법

식용버섯과 독버섯의 구별법은 따로 있는 것이 아니다. 버섯도 다른 생물과 마찬가지로 형태적인 특성에 의해 종(species)을 구분한 후, 국내외 발표된 문헌을 통하여 식용버섯과 독버섯의 여부를 판단하고 있다. 특히 버섯은 현미경으로 관찰해야 하는 미세구조의 특성이 종을 결정하는 주요인이 되는 경우가 많다. 그러므로 항상 정확한 동정을 위해서는 미세구조를 확인할 수 있는 표본을 보관한 후, 버섯의 이름을 확인할 수 있는 전문기관을 방문하여 종 구분을 해야 한다. 버섯의 일반적인 외형은 그림(〈버섯의 부위별 명칭〉)과 같으나, 일부 버섯들은 전혀 다른 모양을 나타내기도 한다.

일반인이 버섯의 색깔과 모양, 벌레가 먹은 흔적의 유무, 찢어지는 양상 등으로 식용버섯과 독버섯을 구분할 수 있다는 오류를 범하고 있기 때문에 가끔씩 독버섯 중독사고가 발생하고 있다. 우리나라 산야에는 식용버섯의 종류와 유사한 독버섯들이 많으므로 야생에서 버섯을 채취하는 경우에는 반드시 주의해야 한다. **잘못 알려진 식용버섯과 독버섯의 구별법은 아래와 같다.** 근거없는 내용이므로 식용·독버섯 판별에 이용하면 안 된다.

잘못 알려진 식용버섯과 독버섯의 구별법

식용버섯	독버섯
● 색이 화려하지 않고 원색이 아닌 것	● 색이 화려하거나 원색인 것
● 세로로 잘 찢어지는 것	● 세로로 잘 찢어지지 않는 것
● 유액이 있는 것	● 유액이 없는 것
● 대에 띠가 있는 것	● 벌레가 먹지 않은 것
● 곤충이나 벌레가 먹은 것	● 요리에 넣은 은수저가 변색되는 것
● 요리에 넣은 은수저가 변색되지 않는 것	● 가지나 들기름을 넣으면 독성이 없어진다는 생각

※ 버섯의 이름을 정확하게 알기 위해서는

1. 포자문을 받아 포자의 색을 확인한다.
2. 갓과 대의 색깔과 모양을 확인한다.
3. 갓에서 대까지 잘랐을 때 주름살의 부착 상태를 알아야 한다.
4. 주름살이나 관공의 색을 확인한다.
5. 상처를 주었을 때 갓과 주름살 및 대 조직의 색 변화를 확인한다.
6. 턱받이(a)와 대 기부의 대주머니(b) 유무와 형태를 확인한다.
7. 조직의 일부를 손으로 비벼서 냄새를 맡아 본다.
8. 현미경적인 특성인 포자와 그 외 미세구조를 확인한다.

우리나라의 야생 독버섯

독버섯은 독 성분에 따라서 크게 8가지 유형으로 구분된다. 국내에 서식하는 주요 독버섯은 21, 22쪽 표와 같다. 독버섯에 중독되는 경우에 독버섯 섭취 후부터 중독증상이 발현하는 시간까지로 예후를 예측할 수 있는데, 섭취 후부터 6시간 이내에 중독증상이 발현하는 경우에는 사망률이 비교적 낮으며, 6시간 이후에 중독증상이 발현하는 경우에는 사망률이 높은 경우가 많다. 특히 그룹 1형 중독(group I: amatoxin poisoning)의 경우에는 사망률이 높으므로 환자의 중증도에 관계없이 입원하여 관찰하는 것이 바람직하다. 독버섯에 중독이 되었을 경우에는 먹었던 음식이나 버섯을 병원에 가져가야 독 성분을 정확하게 판단을 하여 중독증상을 막을 수 있다.

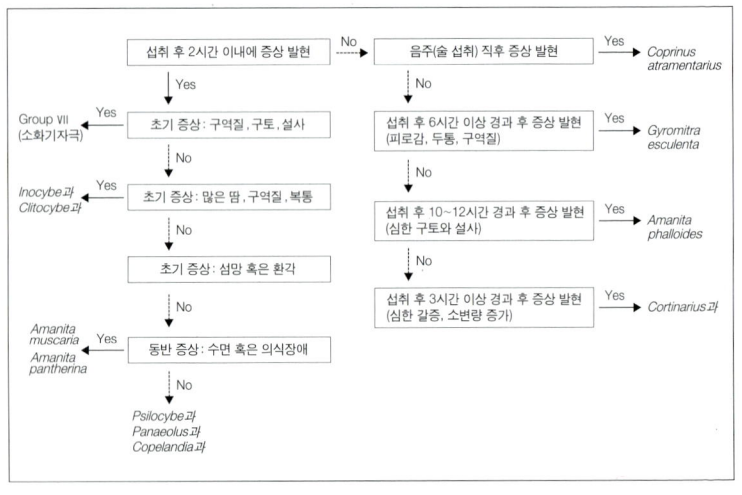

중독증상과 발현시간별 독버섯의 감별
(from Lampe KF. Paediatrician 1977;6:290)

국내 독버섯의 종류 : 중독을 유발하는 독소(toxin)에 따른 분류

독소		독버섯
group I	아마톡신 (amatoxin)	갈잎에밀종버섯(*Galerina helvoliceps*) 개나리광대버섯(*Amanita subjunquillea*) 독우산광대버섯(*Amanita virosa*) 밤색갓버섯(*Lepiota castanea*) 비탈광대버섯(*Amanita abrupta*) 이끼에밀종버섯(*Galerina vittiformis*) 절구무당버섯아재비(*Russula subnigricans*) 턱받이종버섯(*Conocybe filaris*) 흰알광대버섯(*Amanita verna*)
group II	지로미트린 (gyromitrin)	곰보버섯(*Morchella esculenta*) 마귀곰보버섯(*Gyromitra esculenta*) 안장마귀곰보버섯(*Gyromitra infula*) 와인잔안장버섯(*Helvella acetabulum*) 원반버섯(*Discina ancilis*)
group III	코프린 (coprine)	갈색먹물버섯(*Coprinellus micaceus*) 배불뚝이연기버섯(*Ampulloclitocybe clavipes*) 회색두엄먹물버섯(*Coprinopsis atramentaria*)
group IV	무스카린 (muscarine)	깔때기버섯(*Clitocybe nebularis*) 바늘땀버섯(*Inocybe calospora*) 비듬땀버섯(*Inocybe lacera*) 삿갓땀버섯(*Inocybe asterospora*) 솔땀버섯(*Inocybe fastigiata*) 흰땀버섯(*Inocybe umbratica*)
group V	이보텐산-무시몰 (ibotenic acid-muscimol)	마귀광대버섯(*Amanita pantherina*) 파리버섯(*Amanita melleiceps*)
group VI	환각 (hallucinogenic toxin)	갈황색미치광이버섯(*Gymnopilus spectabilis*) 검은띠말똥버섯(*Panaeolus subbalteatus*) 검은망그물버섯(*Retiboletus nigerrimus*) 계란말똥버섯(*Panaeolus semiovatus*)

독소		독버섯
group VI	환각 (hallucinogenic toxin)	노란종버섯(*Conocybe apala*) 말똥버섯(*Panaeolus papilionaceus*) 좀환각버섯(*Psilocybe coprophila*)
group VII	위장관 자극 (gastrointestinal irritants)	갈색고리갓버섯(*Lepiota cristata*) 금관버섯(*Baorangia pseudocalopus*) 긴골광대버섯아재비(*Amanita longistriata*) 꽃버섯(*Hygrocybe conica*) 노란각시버섯(*Leucocoprinus birnbaumii*) 노란개암버섯(*Hypholoma fasciculare*) 노란대주름버섯(*Agaricus moelleri*) 노란젖버섯(*Lactarius chrysorrheus*) 달화경버섯(*Omphalotus japonicus*) 독흰갈대버섯(*Chlorophyllum neomastoideum*) 맑은애주름버섯(*Mycena pura*) 민들레젖버섯(*Lactarius scrobiculatus*) 밤자갈버섯(*Hebeloma vinosophyllum*) 뱀껍질광대버섯(*Amanita spissacea*) 볼록포자갓버섯(*Lepiota magnispora*) 새주둥이버섯(*Lysurus mokusin*) 암회색광대버섯아재비(*Amanita pseudoporphyria*) 애우산광대버섯(*Amanita farinosa*) 오징어새주둥이버섯(*Lysurus arachnoideus*) 좀은행잎버섯(*Tapinella atrotomentosa*) 주홍여우갓버섯(*Leucoagaricus rubrotinctus*) 큰비늘땀버섯(*Inocybe calamistrata*) 큰우산광대버섯(*Amanita cheelii*) 큰주머니광대버섯(*Amanita volvata*) 턱받이광대버섯(*Amanita spreta*) 흰갈대버섯(*Chlorophyllum molybdites*)
group VIII	트리코테신 (trichothecene)	붉은사슴뿔버섯(*Podostroma cornu-damae*)

식용버섯
edible mushrooms

개암버섯 / 국수버섯 / 그물버섯아재비 / 기와버섯 / 까치버섯 / 꽃송이버섯 / 꾀꼬리버섯 / 끈적끈적이버섯 / 노란난버섯 / 노루궁뎅이 / 느타리 / 능이 / 다발왕송이 / 다색벚꽃버섯 / 달걀버섯 / 망태말뚝버섯 / 먹물버섯 / 목이 / 민자주방망이버섯 / 비늘새잣버섯 / 뽕나무버섯 / 송이 / 잎새버섯 / 잿빛만가닥버섯 / 주름버섯 / 참부채버섯 / 큰갓버섯 / 팽나무버섯(팽이) / 표고 / 풀버섯 / 흰굴뚝버섯 / 흰목이

개암버섯

Hypholoma lateritium (Schaeff.) P. Kummer

▌**분류** 개암버섯속 Hypholoma 포도버섯과 Strophariaceae 주름버섯목 Agaricales
▌**영문명** Brick tops

형태적 특징 갓은 황색의 섬유질상 내피막으로 싸여 있으나, 성장하면 반반구형 또는 편평하게 펴지며, 갓 끝에 황색의 섬유질상 내피막 잔유물이 있다. 조직은 비교적 두꺼우며 황백색을

띠고 치밀하다. 맛은 부드럽거나 다소 쓴맛이 있고, 향기는 불확실하다. 일반적으로 턱받이는 형성하지 않는다.

발생 시기 및 장소 가을에 밤나무 등 활엽수의 고사목이나 그루터기 또는 매몰된 나무에 다수가 무리 지어 발생한다.

분 포 북한산, 설악산, 오대산, 치악산, 평창군 황변산 등

국수버섯

Clavaria fragilis Holmsk.

■ **분류** 국수버섯속 Clavaria 국수버섯과 Clavariaceae 주름버섯목 Agaricales
■ **영문명** White Spindles, White Worm Coral, White-worm Fairy Club

형태적 특징 자실체는 원통형이나 원통상 방추형 또는 좁은 곤봉상 방추형이다. 정단부는 둥그스름하거나 뭉툭하고, 드물게는 끝이 둘로 갈라지며, 종종 상단부가 휘어져 있다. 표면은 평활하고 백색을 띠며, 끝부분은 종종 옅은 황색을 띤다. 성숙 후에는 퇴색되어 황색을 띤다. 포자는 자실체의 표면에 골고루 퍼져 있으며, 평활하거나 다소 미분질상이다. 기부의 대는 특별한 경계가 없다. 조직은 얇고 백색이며 잘 부서진다. 맛과 향기는 부드럽다.

발생 시기 및 장소 여름부터 가을까지 활엽수림 내의 땅 위에 다수가 모여 나거나 무리 지어 발생한다.

분 포 덕유산, 광주 무등산, 화성시 융건릉, 제주도 한라수목원, 설악산, 영월군 법흥사 등

자주국수버섯 ▼   ▼ 좀노란창싸리버섯

노란창싸리버섯 ▼   ▼ 붉은창싸리버섯

그물버섯아재비

Boletus reticulatus Schaeff.

분류 그물버섯속 Boletus 그물버섯과 Boletaceae 그물버섯목 Boletales

형태적 특징 갓은 크며 반구형에서 편평하게 펼쳐진다. 갓의 표면은 담갈색, 황갈색, 녹갈색 등이고 우단상이며, 습하면 약간 점성이 있다. 자실층은 완전붙은관공형 또는 떨어진관공형이고,

흰색 또는 녹갈색이며, 구멍은 어릴 때 백색 균사로 가득 찬다. 대는 아래쪽이 두꺼운 곤봉형이며 담갈색 또는 담회갈색이고, 전면에 그물망 무늬가 있다. 대의 부착형태는 중심생이고, 턱받이와 대주머니는 없다. 조직은 흰색이다.

발생 시기 및 장소 여름부터 가을까지 숲속의 땅에서 홀로 나거나 무리 지어 발생한다.

분 포 덕유산, 오대산, 지리산, 수원시 광교산, 양평군 산음, 덕유산, 제주도, 화성시 융건릉, 구리시 동구릉, 설악산, 소백산, 용문산, 치악산, 영인산 등

흑자색 ▼ 그물버섯

황갈색해 ▼ 그물버섯

접시껄껄이 ▼ 그물버섯

기와버섯

Russula virescens (Schaeff.) Fr.

- **분류** 무당버섯속 Russula 무당버섯과 Russulaceae 무당버섯목 Russulales
- **영문명** Green Russula, Green Brittlegill

형태적 특징 갓은 초기에 반구형이나 성숙하면 편평형 또는 중앙오목편평형으로 되며, 드물게는 끝이 반전되기도 한다. 표면은 건성이고 녹색 또는 회녹색을 띤다. 표피는 불규칙한 다각형이나 거북의 등 모양으로 갈라지며, 갈라진 틈으로 유백색의 조직이 보인다. 이 조직은 단단하고 맛과 향기가 부드럽다. 주름살은 대에 떨어진주름살형이며 약간 빽빽하고, 초기에는 백색이나 시간이 경과하면 옅은 황백색을 띠며, 주름살 날은 분질상이다. 대는 원통형이고 상하 굵기가 비슷하다. 표면은 평활하고 주름선이 세로로 있으며, 백색 또는 유백색이고, 상처를 입어도 변색하지 않는다. 대 속은 초기에 차 있으나 성장하면 약간 스펀지화한다.

발생 시기 및 장소 여름부터 가을까지 주로 잡목림 내 지상에 홀로 또는 흩어져 나거나 소수가 무리 지어 발생한다.

이용법 식용이지만 많은 양의 섭취는 피해야 한다.

분 포 덕유산, 설악산, 오대산, 남양주시 천마산, 화성시 융건릉 등

까치버섯

Polyozellus multiplex (Underw.) Murrill

- **분류** 까치버섯속 Polyozellus 사마귀버섯과 Thelephoraceae
  사마귀버섯목 Thelephorales
- **영문명** Clustered Blue Chanterelle, Blue Chanterelle, Black Chanterelle

형태적 특징 자실체는 수국, 꽃양배추 또는 잎새버섯 모양을 띠며, 각 분지의 끝에는 꽃잎, 구두칼 또는 부채 모양의 작은 흑청색 갓이 형성된다. 조직은 얇고 육질이나 약간 질기며, 맛은 쓰

고 해초 냄새가 나며, 건조 시에는 냄새가 더 강하게 난다. 잎새버섯과 형태가 비슷하며 쓴맛이 있다. 담자포자는 갓 뒷면에 있으며, 표면은 종으로 잔주름이 있고, 주름은 종종 대에까지 길게 이어져 있다. 조직은 연하고 잘 부서지나 건조하면 단단해진다.

발생 시기 및 장소 가을에 침엽수림, 활엽수림 또는 혼합림 내 지상에 무리 지어 발생한다.

분 포 설악산, 오대산, 치악산, 양양군 정족산, 가평 연인산 등

※ 까치버섯은 지역에 따라 부르는 이름이 다르다. 요리를 할 때 끓이면 검은색의 물이 나와서 붙여진 이름으로 '먹버섯', '곰버섯'으로 불리기도 한다.

꽃송이버섯

Sparassis crispa (Wulfen) Fr.

▍**분류** 꽃송이속 Sparassis 꽃송이버섯과 Sparassidaceae 구멍장이버섯목 Polyporales

▍**영문명** Cauliflower Fungus, Crisped Sparassis, Eastern Cauliflower Mushroom, Ruffles, Rooting Cauliflower Fungus, Sponge fungus

형태적 특징 자실체는 둥글며, 작은 꽃잎 모양의 갓이 모여 꽃양배추 또는 해초 모양을 이룬다. 대는 뭉툭하며 단단하고, 위쪽으로 반복하여 갈라져 짧은 분지를 수없이 형성하고, 분지는

편평하고 얇은 꽃잎형 갓이 된다. 담자포자는 작은 꽃잎형 갓의 뒷면에 있다. 조직은 얇고 탄력성이 있으며 유연하고, 육질형에 백색이다. 맛은 부드럽고 냄새는 특별하지 않다.

발생 시기 및 장소 여름부터 가을까지 침엽수의 그루터기 또는 그 주변에 다발로 발생한다.

이용법 식용·약용하며 항종양, 면역 증강, 항진균, 혈당저하 작용이 있다.

분 포 덕유산, 삼학산, 오대산, 치악산, 양평군 중미산, 정선군 중봉산 등

꾀꼬리버섯

Cantharellus cibarius Fr.

- **분류** 꾀꼬리버섯속 Cantharellus 꾀꼬리버섯과 Cantharellaceae 꾀꼬리버섯목 Cantharellales
- **영문명** Common Chanterelle, Chanterelle, golden chanterelle

형태적 특징 갓은 반반구형이고 끝은 안쪽으로 말려 있으나 성장하면 점차 펴진다. 중앙 부위가 약간 들어가거나 깔때기 모양을 이루고, 끝은 불규칙하게 굴곡이 지거나 갈라진다. 표면은 평활하고 건성이며 난황색을 띠나 성장하면 옅은 난황색이다. 조직은 약간 두꺼우며 육질형이고, 옅은 황색을 띤다. 맛은 부드러우며 살구향이 나는 버섯으로 유럽인들이 좋아한다. 조직은 치밀하고 옅은 황색 또는 황백색을 띤다.

발생 시기 및 장소 여름부터 가을까지 혼합림 내의 지상에 흩어져 나거나 무리 지어 발생한다.

분 포 덕유산, 설악산, 용문산, 청계산, 치악산, 가평군 유명산, 수원 여기산 등 국내 전역

※ 지역에 따라서 외꽃버섯, 오이꽃버섯으로 불리기도 한다.

꾀꼬리버섯 ▼   ▼ 붉은꾀꼬리버섯

끈적끈끈이버섯

Oudemansiella mucida (Schrad.) Höhn

- **분류** 끈끈이버섯속 Oudemansiella 뽕나무버섯과 Physalacriaceae
  주름버섯목 Agaricales
- **영문명** Porcelain Fungus

형태적 특징 갓은 초기에는 반구형 또는 반반구형이고, 끝은 백색의 내피막으로 싸여 있으나 성장하면 끝이 퍼진다. 내피막은 갓 끝에서 떨어져 대에 남아 있고, 갓은 편평하게 퍼진다. 표면에는 습할 때 잘 떨어져 나가는 뚜렷한 반투명 선의 젤라틴층이 있고, 종종 중앙 부위에 방사상 주름이 있다. 백색, 담황색 또는 상아색이지만 중앙 부위는 종종 옅은 황토색을 띤다. 조직은 육질형이며 얇고 백색이다. 냄새는 불분명하며, 맛은 부드럽다. 턱받이는 막질이고 백색이며 영존성이고, 대의 1/2~2/3 부위에 있다.

발생 시기 및 장소 여름부터 가을까지 서어나무의 고목 또는 고사목, 그루터기 등에 무리 지어 발생한다.

이용법 식용·약용한다. 항진균 작용이 있으며, 항생물질인 뮤시딘(mucidin)이 추출된다.

분포 대암산, 덕유산, 오대산, 인제군 점봉산 등

끈적끈끈이버섯 ▼   ▼ 갈색날끈끈이버섯

노란난버섯

Pluteus leoninus (Schaeff.) P. Kumm.

■ **분류** 난버섯속 Pluteus 난버섯과 Pluteaceae 주름버섯목 Agaricales

■ **영문명** golden deer mushroom

형태적 특징 갓은 초기에 종형 또는 반구형이지만 성숙 후에는 편평형 또는 중앙볼록편평형이 되고, 표면은 평활하며 밝은 황색이다. 습할 때 주변에는 방사상의 선이 있으며, 조직은 얇고

암황색을 띠며, 맛과 향기는 부드럽다. 주름살은 떨어진주름살형이며 빽빽하고, 초기에는 백색이지만 후기에는 성숙된 포자색에 의하여 엷은 살구색으로 변한다. 대는 원주형이며 상하 굵기가 비슷하고, 표면은 황백색이며 섬유상의 선이 있고, 하부 쪽에는 암갈색의 섬유상 인피가 있다. 초기에는 속이 차 있으나 후기에는 비어 있으며, 조직은 백색이다. 포자는 분홍색이다.

발생 시기 및 장소 봄부터 가을까지 참나무의 고목 등에 무리지어 나거나 홀로 발생한다.

분 포 계룡산, 덕유산, 오대산, 치악산, 제주도, 구리시 동구릉, 남양주 광릉수목원, 원주시 포복산, 포천시 명성산 등

빨간난버섯 ▼   ▼ 난버섯

노루궁뎅이

Hericium erinaceus (Bull.) Pers.

분류 산호침버섯속 Hericium 노루궁뎅이과 Hericiaceae 무당버섯목 Russulales

형태적 특징 자실체는 초기에는 난형, 두형 또는 구근형으로 나무줄기에 직접 부착되어 있다. 윗면을 제외하고, 측면과 아랫면에 향지성의 수많은 침 모양이나 수염 모양의 긴 돌기가 생긴

다. 윗면에는 미세하고 짧은 털이 밀포되어 있으며, 초기에는 백색이지만 성장하면 점차 옅은 황색 또는 옅은 다갈색으로 된다. 조직은 유연하며 백색이고, 육질형 또는 스펀지형이다. 쓴맛이 나며 향기는 부드럽다. 자실층은 측면과 아랫면에 발달한 침 모양 또는 수염 모양의 돌기가 표면에 산재해 있으며, 초기에는 백색이지만 성장하면 옅은 황색으로 퇴색된다.

발생 시기 및 장소 가을에 떡갈나무, 너도밤나무, 참나무 등 활엽수 생목의 상처 부위, 고목 또는 잘린 부위에 홀로 발생한다.

분포 설악산, 오대산, 점봉산, 치악산 등

수실노루궁뎅이

느타리

Pleurotus ostreatus (Jacq.) P. Kumm.

■ **분류** 느타리속 Pleurotus 느타리과 Pleurotaceae 주름버섯목 Agaricales
■ **영문명** Common Oyster Mushroom, Oyster Fungus, Oyster Mushroom

형태적 특징 갓은 초기에는 반반구형이지만 성장하면 신장형이나 조개형 또는 종종 깔때기형으로 된다. 표면은 초기에 흑갈색 또는 청회색이지만 성장하면 점차 옅어져 회색, 회갈색, 옅은

황색, 옅은 회색으로 되며, 흡수성이고 평활하다. 조직은 비교적 두꺼우며 유연하고 탄력성이 있는 육질형이며, 백색이고 맛과 향기가 부드러우며, 특히 씹을 때 감촉이 매우 좋다. 주름살은 대에 내린주름살형으로 종종 대의 기부까지 주름살이 이어지고 약간 빽빽하며, 짧은 주름살은 1~3가지형이고 백색 또는 옅은 황색을 띠며, 주름살 날은 평활하다. 대는 주로 편심생 또는 측생이지만 중심생도 있다. 표면은 백색이며 세로로 불확실한 선이 있고, 대 기부에 종종 백색의 짧은 균사 모양의 털이 밀포되어 있다. 대 속은 차 있으며, 백색이고 육질형이다.

발생 시기 및 장소 봄부터 가을까지 활엽수 등의 고사목, 절주목 또는 그루터기에 무리 지어 발생한다.

분 포 용문산, 오대산, 점봉산, 지리산, 치악산, 제주도 등

▼ 노랑느타리　　▼ 산느타리　　▼ 분홍느타리

능이

Sarcodon imbricatus (L.) P. Karst.

분류 능이속 Sarcodon 노루털버섯과 Bankeraceae
사마귀버섯목 Thelephorales

형태적 특징 자실체 갓은 초기에 중앙오목반반구형 또는 편평형이지만 후기에는 깔때기나 나팔 모양으로 되며, 때로는 대의 기부까지 뚫려 있기도 하다. 표면은 솔방울 모양의 크고 작은 인

편으로 덮여 있으며, 특히 중앙 부위가 크고, 갓 주변부위는 비교적 작다. 성장 초기에는 옅은 황토색, 옅은 갈색 또는 담홍색을 띠나 성장하면 흑갈색을 띠고, 건조하면 거의 흑색으로 된다. 조직은 육질형이며 옅은 홍백색을 띠나, 건조하면 흑갈색으로 되고, 향기가 매우 좋다. 자실층은 무수한 침이 돋아 있으며, 옅은 회자갈색을 띠고 성숙 후에는 흑갈색으로 된다. 대는 원통형으로 짧고 뭉툭하며, 종종 침 모양의 돌기가 대의 기부까지 돋아나 있고, 갓보다 옅은 색을 띠며, 대 속은 비어 있다.

발생 시기 및 장소 가을에 활엽수림 내 지상에 홀로 나거나 무리 지어 발생한다.

이용법 식용·약용하지만 생식하면 가벼운 중독 증상이 나타난다. 한방에서는 고기를 먹고 체했을 때 능이 달인 물을 소화제로 이용한다.

분 포 설악산, 충북 백화산, 춘천 등

다발왕송이

Macrocybe gigantea (Massee) Pegler & Lodge

■ **분류** 왕송이속 Macrocybe 송이과 Tricholomataceae 주름버섯목 Agaricales

형태적 특징   갓은 초기에 반구형 또는 만두형이지만 성장하면 중앙볼록반반구형이나 중앙볼록편평형이 된다. 중앙 부위에 넓은 홈이 있고, 끝부분은 초기에 안쪽으로 말려 있으며, 성장하면

편평하게 퍼지나 종종 파상형으로 된다. 표면은 평활하고 옅은 황색을 띠나 성장하면 옅은 갈색 또는 연분홍색을 띤다. 조직은 비교적 단단하며 백색이고, 맛과 냄새는 부드럽다. 주름살은 대에 홈주름살형이고 빽빽하다. 초기에는 분홍색이나 성장하면 퇴색되며, 비교적 주름살의 폭은 넓다. 대는 원통형으로 하부가 굵으며, 표면은 세로로 섬유질이 있고 백색이거나 갓보다 옅은 색을 띤다. 대 기부에서 합쳐져 다발성(직경 1m) 또는 무리 지어 발생한다.

발생 시기 및 장소 여름에 귤 재배용 비닐하우스나 유기물이 풍부한 곳에서 다발로 발생한다.

분 포 인천, 제주도, 춘천 등

다색벚꽃버섯

Hygrophorus russula (Schaeff.) Kauffman

- **분류** 벚꽃버섯속 Hygrophorus 벚꽃버섯과 Hygrophoraceae 주름버섯목 Agaricales
- **영문명** Russulalike Waxy Cap, False Russula

형태적 특징 갓은 초기에는 반구형 또는 반반구형이고, 끝은 안쪽으로 말려 있다. 성장하면 중앙볼록편평형 또는 중앙오목편평형이고 드물게는 갓 끝이 위로 반전되어 약간 깔때기형도 있으

며, 종종 갓 주변부위는 파상으로 굴곡져 있다. 표면은 습할 때 다소 점성이 있으며 평활하고, 중앙부는 적자색, 암적갈색 또는 갈적색이고, 주변부는 옅은색 또는 분홍색 바탕에 적갈색 반점이나 얼룩진다. 조직은 두껍고 백색 또는 옅은 분홍색이고, 종종 암적색의 얼룩이 있으며, 맛과 향기는 부드럽다. 주름살은 대에 완전붙은주름살형 또는 내린주름살형이고, 빽빽하거나 약간 빽빽하다. 주름살 날은 평활하고, 초기에는 백색이나 성장하면 포도주색의 반점으로 얼룩진다. 대는 원통형이며, 상하 굵기가 비슷하거나 상부 또는 하부가 가늘고, 종종 굽어 있다. 표면은 백색이나 성장하면 포도주색의 섬유질이 생성되고, 같은 색의 반점으로 얼룩지며, 속은 차 있다.

발생 시기 및 장소 늦여름부터 가을까지 혼합림 내 땅 위에 흩어져 나거나 무리 지어 발생한다.

이용법 염장하였다가 겨울에 식용한다.

분 포 덕유산, 설악산, 용문산, 점봉산, 태백산 등

달걀버섯

Amanita hemibapha (Berk. and Broome) Sacc.

■ **분류** 광대버섯속 Amanita 광대버섯과 Amanitaceae 주름버섯목 Agaricales

형태적 특징 자실체는 초기에 백색 난형이나 성장하면 정단부 위의 외피막이 파열되어 갓과 대가 나타난다. 갓은 초기에 반구형 또는 반반구형이나 성장 후에는 편평하게 퍼지며, 종종 중앙

부위가 볼록한 돌기로 된다. 표면은 적황색 또는 등황색이고, 주변에는 방사상의 선이 있다. 주름살은 떨어진주름살형이며 다소 빽빽하고 등황색을 띠며 주름살 날에는 내피막 잔유물인 노란 분질물이 보인다. 대는 원통형으로 위쪽이 약간 가늘고, 성숙하면 속이 비어 있다. 표면은 등황색이나 황색을 띠며, 성장하면 표면이 갈라져 섬유상의 인편이 뱀껍질 모양을 이룬다. 상부에는 등황색의 턱받이가 있으며, 기부에는 영구성인 두꺼운 백색의 막질 대주머니가 있다.

발생 시기 및 장소 여름부터 가을까지 혼합림 내 지상에 홀로 나거나 흩어져 발생하는 외생균근균이다.

분 포 오대산, 치악산, 덕유산, 두륜산, 영인산, 설화산, 태학산, 백양산 등

노란달걀버섯 ▼   ▼ 흰달걀버섯

망태말뚝버섯

Phallus indusiatus Vent.

■ **분류** 말뚝버섯속 Phallus 말뚝버섯과 Phallaceae 말뚝버섯목 Phallales

형태적 특징 어린 알은 일반적으로 백색이지만 문지르면 옅은 적자색을 띠는 것도 있으며, 난형 또는 구형이고 반지중생이다. 이 것을 세로로 자르면 대와 갓 그리고 갓과 대 사이에 백색 그물치마

의 초기 형태가 있다. 자실체의 갓 표면에는 짙은 녹갈색의 기본체가 있으며, 그 외부는 옅은 황색의 두꺼운 젤라틴층이 있고, 외부는 백색의 막질인 외피막으로 둘러싸여 있다. 기부에는 뿌리 모양의 균사속이 있으며, 대나무의 잎, 뿌리 또는 넘어진 대나무에 뻗어 있다. 성숙하면 외피막의 정단부가 갈라지며, 원통형의 대가 위로 빠르게 자란다. 대의 속은 비어 있으며, 표면은 백색으로 무수한 홈이 있고, 잘 부서진다. 대의 상단부에는 머리 모양의 갓이 있다. 갓은 원추상 종형이며, 표면은 백색 또는 옅은 황색을 띠고, 망목상의 융기가 있다. 또한 짙은 녹갈색의 점액인 기본체가 덮여 있고, 그 속에 포자를 형성하며, 악취가 심하다. 정단부는 백색의 돌기가 있으며, 속은 뚫려 대 기부까지 관통한다. 갓과 대 사이에서 백색의 그물치마가 빠르게 아래쪽으로 자라며, 대부분 대 기부까지 자란다. 대 기부에는 백색의 두꺼운 대주머니가 있다.

발생 시기 및 장소 여름 장마철과 가을에 대나무숲 내에 무리지어 발생한다.

분 포 계룡산, 아산군 설화산, 화순군 백아산 등

노란망말뚝버섯 ▼   ▼ 말뚝버섯

먹물버섯

Coprinus comatus (O. F. Müll.) Pers.

■ **분류** 먹물버섯속 Coprinus 주름버섯과 Agaricaceae 주름버섯목 Agaricales
■ **영문명** Shaggy Mane, Shaggy Cap, Lawyer's Wig

형태적 특징 갓은 솜방망이 모양 또는 원통상 방추형으로 대 길이의 반 이상을 덮고 있으며, 성장하면 종형으로 된다. 표면은 초기에는 백색이나 유백색을 띠며, 견사상 섬유질이지만 성장하

면 갈라져 옅은 회황색 또는 담갈색의 거친 섬유상이나 비늘 모양의 인피로 된다. 조직은 얇고 백색이며 부드럽다. 맛과 향기는 부드럽다. 주름살은 끝붙은주름살형 또는 떨어진주름살형이며 빽빽하고, 초기에는 백색이나 점차 갈색으로 된 후 흑색이 되며, 주름살 날은 분질상이다. 성숙된 포자가 갓 끝부분부터 비산함과 동시에 액화현상이 일어나 결국 대만 남게 된다. 대는 원통형이며, 상부가 약간 가늘고, 기부는 대부분 원추상으로 팽대되어 있다. 표면은 백색을 띠며 세로로 섬세한 섬유질이고, 성숙하면 속이 비어 있으며, 턱받이는 반지 모양이고 가동성이나 조기 탈락성이다.

발생 시기 및 장소 봄부터 가을까지 정원이나 목장 또는 잔디밭에 무리 지어 흩어져 발생한다.

이용법 어린 버섯은 식용하지만, 반드시 삶아서 헹군 것을 조리해야 한다. 또한 음주 전후에는 피해야 하며, 항산화작용이 있어 섭취하면 혈당을 낮추고 치질에 도움이 된다.

분 포 계룡산, 오대산, 치악산, 수원시 여기산 등

목이

Auricularia auricula-judae (Bull.) Quél.

▌**분류** 목이속 Auricularia 목이과 Auriculariaceae 목이목 Auriculariales

▌**영문명** Tree-Ear

형태적 특징 갓은 원반상, 주발 모양 또는 귀 모양이며, 끝은 평활하고 약간 얇다. 갓 윗면(비자실층)의 중앙 부위 또는 일부가 기주에 부착되어 있다. 윗면은 평활하거나 약간 주름져 있거나

파상형이고, 전면에 아주 작은 짧은 백색의 털이 밀포되어 있다. 색깔은 적갈색, 황갈색 또는 옅은 갈색을 띠고, 성숙하면 흑색으로 된다. 아래쪽 전면에 있는 자실층은 평활하거나 불규칙한 간맥이 있고, 황갈색, 옅은 갈색 또는 갈색을 띤다. 조직은 습할 때는 젤라틴질이므로 유연하며 탄력성이 있으나, 건조하면 수축하여 굳어지며 각질화한다. 건조한 자실체를 물에 담그면 원상태로 버섯 모양이 되살아난다.

발생 시기 및 장소   여름부터 가을까지 활엽수 고목에서 무리지어 발생한다.

분 포   설악산, 오대산, 치악산, 칠갑산, 제주도 등

털목이

민자주방망이버섯

Lepista nuda (Bull.) Cooke

분류 자주방망이버섯속 Lepista 송이과 Tricholomataceae 주름버섯목 Agaricales

영문명 Wood Blewit, Naked Mushroom, blewit

형태적 특징 갓은 성장 초기에는 반구형 또는 반반구형이고, 끝은 안쪽으로 굽어 있으나 성장하면 끝이 펴져 편평상반반구형 또는 편평형이 된다. 표면은 평활하고 흡습성이며, 자색이나 보

라청색을 띠나 성숙하면 퇴색하여 갈자색, 갈색 또는 갈황색으로 된다. 조직은 두껍고 부드러우며 육질형이고, 잘 부서지며 옅은 자색을 띤다. 맛과 냄새는 부드럽다. 주름살은 대에 홈주름살형으로 빽빽하며, 주름살 날은 평활하고, 초기에는 자색을 띠나 성장하면 옅은 황색 또는 옅은 황자색으로 된다. 대는 원통형이고, 상하 굵기가 같거나 하부로 갈수록 굵어져 곤봉형을 이루며, 기부는 약간 팽대하여 괴근상을 이루기도 한다. 표면은 세로로 섬유질사의 선이 있고, 자색을 띠나 성장하면 퇴색하여 옅은 갈색 또는 유백색으로 된다. 속은 차 있다.

발생 시기 및 장소 여름부터 가을까지 혼합림 내 지상이나 목장 또는 정원에 소수가 무리 지어 나거나 홀로 발생한다.

이용법 식용·약용하나 생식하면 위장 자극이 있다.

분포 계룡산, 덕유산, 오대산, 용문산, 치악산, 수원 칠보산, 수원 여기산 등

자주방망이버섯아재비

비늘새잣버섯

Neolentinus lepideus (Fr.) Redhead & Ginns

▎**분류** 새잣버섯속 Neolentinus 구멍장이버섯과 Polyporaceae
　　구멍장이버섯목 Polyporales
▎**영문명** train wrecker, Scaly Lentinus, The Train Wrecker, Scaly Sawgill

형태적 특징　갓은 성장 초기에 유구형 또는 반구형이고, 끝은 안쪽으로 말려 있으나 성장하면 편평하게 퍼지며, 종종 중앙오목편평형으로 되고, 드물게는 갓 끝이 위쪽으로 반전되기도 한다.

표면은 건성이며, 백색, 담황색, 담황토색 바탕에 황갈색 또는 암갈색의 손거스러미 모양의 누운 인피가 동심원상으로 배열되어 있다. 종종 갓 중앙 부위에는 표피가 갈라지기도 한다. 조직은 두껍고, 어릴 때 부드러운 육질형이나 성장하면 치밀하고 단단한 육질형으로 된다. 적송의 그루터기에서 발생한 것은 송이향이 있고 맛이 부드럽다. 주름살은 대에 홈주름살형 또는 내린주름살형이며, 성글거나 빽빽하고, 백색이나 옅은 황백색이며, 주름살 날은 톱니 모양이나 심하게 갈라지기도 한다. 대는 원통형이며, 종종 기부가 가늘어지거나 굵다. 표면은 백색 또는 옅은 황색 바탕에 황갈색이나 갈색의 손거스러미 모양의 인피가 있고, 기부에는 비늘 모양의 인피가 덮여 있으며, 대 상부에는 세로로 가는 선이 있다. 내피막은 섬유질 또는 막질이고 옅은 황색이나 백색을 띠며, 대 상부에 턱받이를 형성하나 대부분 바로 소실된다.

발생 시기 및 장소 초여름부터 가을까지 침엽수, 특히 소나무 고사목에 홀로 나거나 다발로 발생한다.

이용법 식용·약용하나 사람에 따라 중독증상을 보일 수 있다.

분포 계룡산, 오대산, 치악산, 과천시 청계산, 횡성군 청태산 등

뽕나무버섯

Armillaria mellea (Vahl) P. Kumm.

■ **분류** 뽕나무버섯속 Armillaria 뽕나무버섯과 Physalacriaceae 주름버섯목 Agaricales
■ **영문명** Honey Mushroom, Honey Fungus

형태적 특징 갓은 초기에는 둔원추형 또는 반구형이고, 갓 끝은 안쪽으로 굽어 있으며, 내피막으로 싸여 있다. 하지만 성장하면 끝이 편평하게 펴지고, 내피막의 일부가 갓 끝에 부착하는 경

우도 있다. 표면은 옅은 갈색 또는 연한 황갈색이고, 중앙 부위는 암갈색이나 흑갈색의 가늘고 곧은 섬유상 털이 있으며, 주변부는 방사상의 선이 있다. 조직은 약간 두껍고 육질형이며, 유백색 또는 분홍백색을 띠고, 맛과 향기는 부드럽다. 주름살은 대에 내린주름살형이고 약간 성글며, 초기에는 백색이나 성숙하면 옅은 적갈색의 얼룩이 나타나고, 주름살 날은 평활하다. 대는 원통형이며, 상하 굵기가 비슷하거나 종종 기부 쪽이 약간 굵거나 팽대하여 유곤봉형을 이루고 굽어 있다. 표면은 턱받이 위쪽은 백색 또는 분홍백색을 띠며 세로로 홈선이 있고, 턱받이 아래쪽은 갈색이다. 턱받이는 대 상부에 형성되며 막질이고 영존성이며, 턱받이 상부는 백색이고, 하부의 끝 쪽은 황색을 띤다.

발생 시기 및 장소 여름부터 가을까지 활엽수, 침엽수 생목의 뿌리 부위에 무리 지어 발생한다.

이용법 식용·약용하지만, 생식 또는 과식하면 위장장애를 일으킬 수 있다.

분 포 계룡산, 덕유산, 설악산, 오대산, 청계산 등

뽕나무버섯부치

송이

Tricholoma matsutake (S. Ito & S. Imai) Singer

■ **분류** 송이속 Tricholoma 송이과 Tricholomataceae 주름버섯목 Agaricales

형태적 특징 갓은 초기에 구형이고, 끝은 안쪽으로 말려 있으며, 섬유상 막질의 내피막으로 싸여 있다. 하지만 성숙하면 갓 끝이 펴지며 반반구형, 중앙볼록편평형 또는 편평형이 되고, 종

종 갓 끝이 위로 반전되기도 한다. 표면은 옅은 황색 바탕에 황갈색이나 적갈색의 섬유상 인피 또는 누운 섬유상 인피가 있으며, 성장하면 종종 방사상으로 갈라져 백색의 조직이 노출된다. 조직은 백색의 육질형이고 치밀하며, 소나무 향기가 나고 맛이 좋다. 주름살은 대에 홈주름살형이고 약간 치밀하며, 백색이지만 시간이 지나면 갈색의 얼룩이 진다. 주름살날은 평활하다. 대는 원통형이며, 상하 굵기가 비슷하거나 종종 상부가 가늘거나 기부 쪽이 가늘다. 턱받이 위쪽은 백색이고 분질물이 있으며, 아래는 갓과 같은 갈색 섬유상의 인피가 있고, 속은 차 있다. 턱받이는 섬유상 막질이며 대 상부에 있다.

발생 시기 및 장소 가을에 적송림에 주로 발생하지만, 기타 소나무에도 균륜의 형태로 발생하며 외생균근균이다.

이용법 식용·약용한다. 항종양, 항산화 작용이 있으며, 섭취하면 소화, 이뇨에 도움이 된다.

분 포 계룡산, 설악산, 구례시 화엄사 등

잎새버섯

Grifola frondosa (Dicks.) Gray

■ **분류** 잎새버섯속 Grifola 왕잎새버섯과 Meripilaceae 구멍장이버섯목 Polyporales

형태적 특징 자실체는 뭉툭한 대에서 무수하게 분지가 갈라지며, 그 위에 작은 갓이 형성되어 하나의 커다랗고 둥그스름한 다발을 이룬다. 갓은 약간 작고 두꺼우며, 부채형·조개형·꽃잎

형·반원형 또는 구두칼형이다. 표면은 초기에 흑색 또는 흑갈색을 띠나 후에 점차 퇴색되어 황토색이나 옅은 회흑갈색으로 된다. 그 위에 방사상의 섬유질이 있고, 선명하지 않은 둥근 무늬가 있다. 조직은 부드러운 육질형이며 백색이고, 맛은 부드럽다. 자실층은 관공형이고, 대에 내린관공형이며 백색이다. 관공구는 원형 또는 불완전한 타원형이며 백색이다. 대는 뭉툭하고 굵으며, 바로 윗부분에서 수많은 분지로 갈라져 산호 모양을 이룬다. 분지는 유백색 또는 담황색을 띠고, 조직이 단단하지만 잘 부서진다.

발생 시기 및 장소 가을에 졸참나무, 물푸레나무의 뿌리 근처에 사물기생하며, 다발로 발생하는 백색목재부후균이다.

분 포 계룡산, 설악산, 속리산, 점봉산, 제주도 등

잿빛만가닥버섯

Lyophyllum decastes (Fr.) Singer

▌**분류** 만가닥버섯속 Lyophyllum 만가닥버섯과 Lyophyllaceae 주름버섯목 Agaricales
▌**영문명** Fried Chicken Mushroom

형태적 특징 자실체는 송이형 또는 애기버섯형으로 갓은 초기에 반구형 또는 반반구형이고, 끝은 안쪽으로 말려 있다. 하지만 성장하면 거의 편평하게 펴지며, 중앙이 약간 볼록하거나 드물게

는 오목한 것도 있고, 끝부분은 약간 물결 모양이다. 표면은 평활하고, 회갈색 또는 짙은 녹갈색을 띠나 점차 옅은 회갈색으로 된다. 조직은 중앙 부위가 두껍고 갓의 끝 쪽으로는 얇으며, 육질형 또는 섬유상 육질형으로 탄력성이 있고, 백색 또는 옅은 회색이다. 맛은 부드럽고 향기는 불분명하다. 주름살은 대에 완전붙은주름살형 또는 짧은내린주름살형이고 빽빽하며, 주름살 날은 평활하고 성장 초기에는 유백색이다. 대는 원통형으로 약간 뒤틀려 있으며, 상하 굵기가 같거나 기부가 더 굵다. 드물게는 갓에 편심형으로 부착되기도 한다. 표면은 평활하며 세로로 섬유질이 있고, 상부에는 백색의 분질이 있으며, 초기에는 백색, 백회색 또는 옅은 회갈색을 띠고, 탄력성이 있다.

발생 시기 및 장소 이른 봄 또는 늦가을에 참나무림, 침엽수림 내 지상 또는 도로변, 정원, 화전지 등에 다수가 무리 지어 발생한다.

분 포 설악산, 지리산, 포천 광릉수목원 등 국내 전역

연기색만가닥버섯 ▼ ▼ 땅찌만가닥버섯

주름버섯

Agaricus campestris L.

■ **분류** 주름버섯속 Agaricus 주름버섯과 Agaricaceae 주름버섯목 Agaricales
■ **영문명** Meadow Mushroom, Field Mushroom

형태적 특징 갓은 초기에 구형 또는 반구형이고, 갓 끝은 백색의 얇은 막질 또는 섬유상 면모의 내피막으로 싸여 있으며, 점차 편평하게 펴지거나 중앙볼록편평형으로 된다. 표면은 백색이

나 후에 담황색을 띠고 평활하며 섬유상 인편이 있다. 건조 시에는 견사와 같은 광택이 나며, 조직은 두껍고 육질형에 백색이며, 상처를 입으면 붉은색으로 변한다. 맛과 향기는 부드럽다. 주름살은 대에 떨어진주름살형이며 빽빽하다. 초기에는 백색 또는 엷은 분홍색이지만 후에 홍색으로 되고 완전 성숙하면 차차 자갈색 또는 짙은 자갈색을 띠게 된다. 주름살 날은 분질상이다. 대는 위아래 굵기가 비슷하거나 상부 또는 기부가 가늘고 좁아진다. 표면은 어릴 때 세로로 백색의 섬세한 섬유질이나 면상 섬유질 인피가 있으며, 성장하면 엷은 갈색을 띤다. 신선할 때 문지르면 엷은 홍색을 띤다. 상부에는 백색의 막질 또는 섬유상 면모질의 턱받이가 있다.

발생 시기 및 장소 여름부터 가을까지 잔디밭과 목장, 골프장, 나지 등의 부식질이 많은 곳에 무리 지어 발생한다.

이용법 식용·약용하며 소화촉진, 피로, 빈혈에 효과가 있다.

분 포 덕유산, 설악산, 가평군 유명산, 수원시 광교산 등

참부채버섯

Panellus serotinus (Schrad.) Kühner

▌**분류** 부채버섯속 Panellus 애주름버섯과 Mycenaceae 주름버섯목 Agaricales

▌**영문명** Late Fall Oyster Mushroom, Late Oyster, Last Oyster Mushroom, late fall oyster

형태적 특징 갓은 초기에 조개형, 부채형, 반반구형이다. 끝부분은 안쪽으로 말려 있으나 성장하면 점차 펴지며 반원형 또는 신장형으로 되고, 평활하거나 파상으로 굴곡이 있다. 표면은 평

 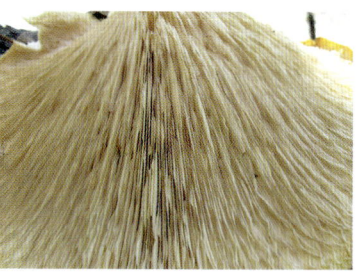

활하거나 가늘고 연한 털이 있고, 습할 때 표피 하층은 젤라틴질이나 표면에서는 거의 느낄 수가 없다. 색은 암황색, 황갈색, 녹갈색 또는 자색을 띤 녹갈색이나 종종 녹색을 띠기도 한다. 성장하면 퇴색한다. 조직은 백색의 육질형이고, 중앙 부위는 두껍다. 일반적인 버섯향이 나며, 맛은 부드러우나 씹은 후 시간이 경과하면 약간 쓴맛이 있다. 주름살은 부채 모양으로 대에 일정하게 부착되어 있고, 내린주름살형이 아니며 좁고 빽빽하다. 어릴 때는 선명한 옅은 황색을 띠나 성장하면 황토색으로 퇴색된다. 주름살 날은 평활하다. 대는 주로 갓의 끝에 부착하며, 짧고 뭉툭하다. 표면은 황색 바탕에 황갈색의 짧은 털이 밀포되어 있다. 조직은 백색이며 질기고 단단하다.

발생 시기 및 장소 늦가을에 버드나무, 미루나무 등 활엽수 그루터기 또는 고사목에 다수가 무리 지어 발생한다.

이용법 식용·약용하지만, 체질에 따라 중독현상이 있을 수 있다.

분포 설악산, 오대산, 점봉산, 한라산, 삼청시 청옥산, 강릉시 자병산 등

큰갓버섯

Macrolepiota procera (Scop.) Singer

분류 큰갓버섯속 Macrolepiota 주름버섯과 Agaricaceae 주름버섯목 Agaricales
영문명 Parasol Mushroom

형태적 특징 갓은 초기에 난형 또는 구형이지만 성장하면 중앙볼록편평형으로 되며, 담황갈색 또는 회갈색이다. 표면에는 표피가 성장하면서 갈라져 형성된 암색의 거친 인편과 섬유상 인피

가 있다. 주름살은 떨어진주름살형이고, 백색이지만 성장하면 옅은 황색으로 퇴색되며 빽빽하고, 주름살 날은 분질상이다. 대는 크고 길며 기부가 팽대하여 구근상을 이룬다. 표면은 갈색 또는 회갈색으로 성장하면서 뱀껍질 모양으로 갈라지고 속이 비어 있으며, 반지 모양의 가동성 턱받이가 있다. 대의 조직은 부드럽고 백색이다.

발생 시기 및 장소 여름부터 가을까지 초원이나 목장 또는 혼합림 내 지상에 홀로 발생한다.

분 포 설악산, 속리산, 오대산, 치악산, 제주도 등

팽나무버섯 (팽이)

Flammulina velutipes (Curtis) Singer

▎**분류** 팽나무버섯속 Flammulina 뽕나무버섯과 Physalacriaceae 주름버섯목 Agaricales
▎**영문명** Velvet-shank, Winter Fungus, Velvet Foot

형태적 특징 갓은 초기에 반구형 또는 종상반구형이지만 후에는 반반구형 또는 편평형이다. 점성이 현저하고, 황갈색이지만 끝부분은 옅은 색을 띠며, 갓 표피는 잘 벗겨진다. 조직은 두껍고 백색 또는 황백색이며, 부드러운 육질형이다. 맛은 부드럽고 짙은 버섯 향기가 난다. 주름살은 대에 완전붙은주름살형 또는 홈주름살형이고 빽빽하며, 초기에는 백색을 띠나 성장하면서 점차 담황색 또는 옅은 등황색을 띤다. 주름살 사이에 간맥이 있으며 주름살 날은 평활하다. 대는 원통형이며, 위아래 굵기가 비슷하거나 기부가 굵고, 드물게는 상부가 넓으며, 종종 편압되어 있다. 표면은 융모가 있고, 기부는 섬유상 모가 있으며 진갈색을 띠고, 상부는 황색을 띤다. 속은 차 있으나 성장하면 점차 빈다.

발생 시기 및 장소 늦가을부터 봄까지 뽕나무, 감나무, 아까시나무, 미루나무 등에서 뭉쳐 나거나 소수가 무리 지어 발생한다.

분 포 계룡산, 오대산, 용문산, 점봉산, 치악산 등

표고

Lentinula edodes (Berk.) Pegler

■ **분류** 표고속 Lentinula 화경버섯과 Omphalotaceae 주름버섯목 Agaricales

형태적 특징 갓은 성장 초기에 반구형이고, 갓 끝은 안쪽으로 말려 있다. 백색 면모상 내피막으로 싸여 있으나 성장하면 편평하게 펴지며, 종종 중앙 부위가 약간 돌출되어 있고, 갓 끝에는

내피막 잔유물이 부착되어 있으나 곧 소실된다. 표면은 건성이고 담갈색, 갈색 또는 흑갈색을 띠며, 짙은 색의 섬유상 또는 비늘 모양의 인피가 덮여 있다. 건조하면 얕거나 깊게 거북의 등 모양으로 갈라지기도 한다. 조직은 두껍고 치밀하고 탄력성이 있으며, 백색이지만 건조하면 담황색을 띠고, 향기가 매우 짙으며, 맛은 부드럽다. 주름살은 대에 홈주름살형 또는 끝붙은주름살형이고 빽빽하며, 주름살 날은 초기에는 평활하나 점차 톱니 모양으로 되고, 백색이지만 시간이 지나면 갈색 얼룩이 생긴다. 대는 원통형으로 위아래 굵기가 비슷하거나 기부가 가늘다. 대의 상부에는 불완전한 백색의 턱받이가 있으며, 턱받이 위쪽은 백색, 아래쪽은 백색 또는 갈색의 섬유상 인피가 있다. 하부는 점차 짙은 갈색을 띠며, 중심형 또는 편심형이다. 대의 조직은 질기고 단단하며, 건조하면 향기가 짙다.

발생 시기 및 장소 봄부터 가을까지 참나무의 고사목 또는 그루터기에 무리 지어 나거나 다발로 발생한다.

이용법 식용·약용하지만, 생식할 경우 체질에 따라 알레르기를 일으키는 경우도 있다.

분 포 대암산, 설악산, 오대산, 치악산 등

풀버섯

Volvariella volvacea (Bull.) Singer, in Wasser

분류 비단털버섯속 Volvariella 난버섯과 Pluteaceae 주름버섯목 Agaricales

형태적 특징 자실체가 성장 초기에는 작고 검은 달걀 모양이지만 점차 윗부분이 파열되어 갓과 대가 나타난다. 갓은 어릴 때 난형 또는 종형이지만 성숙하면 반반구형으로 된다. 표면은 회갈색이나 흑갈색의 바탕에 흑색의 섬유상 털이 밀포되어 있다. 조직은 유연하고 백색 또는 회백색이며, 빠르게 액화현상이 일어난다. 맛과 향기는 부드럽다. 주름살은 폭이 넓고 편복형이며, 떨어진주름살형으로 빽빽하고, 백색이지만 후에 살구색을 띤다. 주름살 날은 약간 분질상이다. 대는 원통형이며, 상부가 가늘고 기부가 굵다. 표면은 백색 또는 담갈색을 띠며 평활하다. 기부는 구근상이며, 흑갈색의 두꺼운 막질로 된 대주머니로 둘러싸여 있으며, 대주머니는 꽃잎 모양이다. 초기에는 속이 차 있으나 성장하면 속이 빈다.

발생 시기 및 장소 여름철의 고온다습한 시기에 퇴비더미 또는 볏짚 주변에 다수가 무리 지어 발생한다.

분 포 오대산, 예산군 등

흰비단털버섯

흰굴뚝버섯

Boletopsis leucomelaena (Pers.) Fayod

▌**분류** 굴뚝버섯속 Boletopsis 노루털버섯과 Bankeraceae
사마귀버섯목 Thelephorales

형태적 특징 갓은 반구형 또는 반반구형이지만 후에 편평상 반반구형이 되거나 편평하게 펴지며, 갓 끝은 위쪽으로 반전된다. 표면은 건성이고, 초기에는 회백색이지만 후에는 회색 또는

흑색으로 되며, 적갈색을 띤 흑색도 있다. 미세한 털이 덮여 있어 부드러운 촉감이 있다. 조직은 육질형이고, 초기에는 백색이지만 상처를 입으면 적자색 또는 흑색으로 변한다. 맛은 쓰고, 냄새는 불분명하다. 자실층은 갓 뒷면에 있으며, 관공은 길이가 짧고, 관공구는 초기에는 백색이고 매우 작은 원형이지만 점차 커지면서 불규칙한 다각형으로 되며, 회색 또는 갈회색을 띤다. 대는 원통형이며 일반적으로 기부가 가늘고, 초기에는 회백색이지만 상처를 입거나 시간이 경과하면 회색 또는 흑색으로 변한다. 속은 차 있으며 육질형이고, 백색이지만 상처를 입으면 붉은색을 띠다가 적회색으로 변한다.

발생 시기 및 장소 늦가을에 송이가 나온 후 침엽수림(잔솔밭) 내 지상에 소수가 무리 지어 발생한다.

분포 설악산, 김천군 황악산 등

흰목이

Tremella fuciformis Berk.

■ **분류** 흰목이속 Tremella 흰목이과 Tremellaceae 흰목이목 Tremellales

형태적 특징 자실체는 일반적으로 나무의 수피가 갈라진 곳에서 나온다. 갓은 성장하면 파상형이며 주름져 있어 불규칙한 닭 볏 또는 꽃잎 모양을 이루며 얇다. 점차 무리 지어 집단을 형성하고 해초나 수국 모양을 이룬다. 자실체는 백색이고 평활하다. 자실층은 양쪽 면(전 표면)에 분포되어 있다. 조직은 비교적 얇고 반투명한 젤라틴질이고, 신선하거나 습할 때는 부드럽지만 건조하면 단단하고 수축된다. 물에 넣으면 다시 원 상태로 회복된다. 맛은 부드럽고 해초를 씹는 감촉이 있으며, 냄새는 불분명하다.

발생 시기 및 장소 초여름부터 가을까지 참나무 고사목에 홀로 발생한다.

분 포 덕유산, 예산군 등

황금흰목이

독버섯

poisonous mushrooms

1. **아마톡신(amatoxin)** 중독을 일으키는 버섯류
2. **지로미트린(gyromitrin)** 중독을 일으키는 버섯류
3. **코프린(coprine)** 중독을 일으키는 버섯류
4. **무스카린(muscarine)** 중독을 일으키는 버섯류
5. **이보텐산-무시몰(ibotenic acid-muscimol)** 중독을 일으키는 버섯류
6. **환각(hallucinogenic toxin)** 중독을 일으키는 버섯류
7. **위장관 자극(gastrointestinal irritants)** 중독을 일으키는 버섯류
8. **트리코테신(trichothecene)** 중독을 일으키는 버섯류

아마톡신 amatoxin
중독을 일으키는 버섯류

독성분류

amatoxin poisoning

아마톡신(amatoxin)과 팔로톡신(phallotoxin)이 주로 독성을 나타낸다. 아마톡신은 매우 작은 농도로 핵질 내에서 RNA 중합효소(polymerase) II를 억제하고 RNA와 DNA 전사를 방해한다. 팔로톡신은 미세필라멘트(특히 F-actin)와 결합하여 액틴(actin)을 비가역적으로 중합시켜 담즙 정체를 야기한다.

독우산광대버섯

독성 약역학

아마톡신은 위장관으로 빠르게 흡수되고 환자의 혈청과 소변에서 표지면역검정법(radioimmunoassay)에 의해 검출될 수 있다. 아마톡신은 24시간 내에 혈청에서는 없어지나 담즙 배설을 하기 때문에 위 내용물에는 48시간 이상 남아 있을 수 있다. 장간순환(enterohepatic circulation)과 사구체 여과액의 재흡수가 독성을 증가시킨다. 아마톡신은 소변으로 빠르게 배설되며 산모의 태반을 통과하지는 않는 것으로 알려져 있다.

중독 증상

버섯을 섭취한 이후 6~24시간이 경과하면서 중독증상이 나타나는데 평균 10~12시간 정도 걸린다. 증상이 발현하기까지는 대개 위장염 단계(gastroenteritis phase), 잠복기 단계(latent phase), 간신부전 단계(hepatorenal phase)로 구분한다.

❶ **위장염 단계** : 콜레라와 유사한 설사가 나타나는 시기로서 24시간 정도 지속된다. 특징으로는 갑자기 복통이 발현하면서 오심, 구토, 출혈성 설사가 나타난다. 발열, 빈맥, 고혈당증, 탈수, 전해질 장애 등이 발생할 수 있다.

❷ **잠복기 단계** : 적절한 수액 처치와 전해질 교정이 시행되면 증상이 호전되는 시기로서 12~24시간 지속된다. 그러나 간기능이 서서히 악화되기 시작하므로 주의해야 하며, 많은 의료진들이 이러한 잠복기에 환자를 퇴원시키는 실수를 범하게 된다.

❸ **간신부전 단계** : 버섯을 섭취한 이후 3~4일이 경과한 시기로서 간부전증의 징후(황달, 의식장애, 저혈당증, 간성혼수 등)가 나타나며, 신부전증이 동반하는 경우에는 사망률이 급격히 높아진다.

갈잎에밀종버섯

Galerina helvoliceps (Berk. & M. A. Curtis) Singer

분류 에밀종버섯속 Galerina 포도버섯과 Strophariaceae
주름버섯목 Agaricales

형태적 특징 갓은 초기에 원추형 또는 반구형이지만 성장하면 반반구형 또는 편평형으로 된다. 대부분 중앙 부위는 유두상으로 돌출되어 있고, 끝은 위쪽으로 반전되어 있다. 표면은 평활하며,

습할 때 반투명선이 있으며, 건조하면 건변색현상이 나타나고 황토색, 황백색 또는 담황색을 띤다. 주름살은 완전붙은주름살형 또는 짧은내린주름살형이며, 약간 빽빽하고 폭은 좁다. 황백색을 띠나 성장하면 엷은 갈색이나 밝은 갈색을 띠고, 주름살 날은 분질상이다. 대는 원통형이고 종종 굽어 있다. 상부는 황색을 띠며 백색의 분질이 있고, 턱받이 아래쪽은 암황갈색 또는 암갈색을 띠며 백색의 가느다란 섬유질이 있고, 기부에 백색의 균사모가 있다. 턱받이는 막질이고 백색 또는 황백색을 띠지만 포자가 성숙하여 떨어지면 회적갈색 또는 갈색을 띤다.

발생 시기 및 장소 여름과 가을에 침엽수림 또는 활엽수림 내의 이끼 사이에서 흩어져 나거나 무리 지어 발생한다.

개나리광대버섯

Amanita subjunquillea S. Imai

■ **분류** 광대버섯속 Amanita 광대버섯과 Amanitaceae 주름버섯목 Agaricales

형태적 특징 자실체는 초기에 백색의 작은 난형이지만 점차 윗부분이 갈라져 갓과 대가 나타난다. 갓은 원추상 난형 또는 원추상 반구형이지만 성장하면 반반구형 또는 중고편평형으로 된

다. 표면은 습할 때 약간 점성이 있고, 밝은 등황색, 황토색 또는 녹황색을 띤다. 조직은 육질형이며 백색이다. 주름살은 떨어진주름살형이고 약간 빽빽하며 백색이고, 주름살 날은 분질상이다. 대는 원통형이며 기부는 구근상이다. 표면은 건성이고, 백색 또는 옅은 황색 바탕에 담황색의 섬유상 인피가 있다. 턱받이는 막질형으로 백색 또는 담황색이다. 대주머니는 백색 또는 담갈색을 띠며 막질형이다.

발생 시기 및 장소 여름과 가을에 침엽수림 또는 활엽수림 내 지상에 홀로 나거나 흩어져 발생하는 외생균근균이며, 전국적으로 발생한다.

독우산광대버섯

Amanita virosa (Fr.) Bertill

분류 광대버섯속 Amanita 광대버섯과 Amanitaceae 주름버섯목 Agaricales

형태적 특징 자실체는 초기에 백색의 작은 난형이지만, 정단 부위가 갈라져 갓과 대가 나타나고 전체가 백색이다. 갓은 원추형 또는 종형이지만 성장하면 반반구형, 편평형 또는 중앙볼록편

평형으로 된다. 표면은 평활하고, 습할 때는 약간 점성이 있으며, 백색이지만 중앙 부위는 종종 분홍색을 띤다. 조직은 얇고 육질형이며 백색이다. 생조직은 KOH(수산화칼륨) 용액에서 황색으로 변한다. 주름살은 떨어진주름살형으로 빽빽하고 백색이며, 주름살 날은 분질상이다. 대는 원통형이고 기부는 구근상이다. 표면은 백색이고, 턱받이 아래쪽은 손거스러미 모양의 섬유상 인피가 있다. 턱받이와 대주머니는 백색의 막질이다.

발생 시기 및 장소 전국적으로 분포하며 여름과 가을에 잡목림 내 지상(특히 떡갈나무, 벚나무 부근)에서 홀로 발생하거나 무리 지어 발생한다.

밤색갓버섯

Lepiota castanea Quél.

분류 갓버섯속 Lepiota 주름버섯과 Agaricaceae 주름버섯목 Agaricales

형태적 특징 갓은 초기에 둔원추상 반구형 또는 종형이지만 성장하면 반반구형 또는 중앙볼록편평형으로 된다. 표면은 평활하고 암갈색 또는 적갈색이지만, 중앙 부위를 제외하고 점차 표

면이 동심원상으로 갈라져 작은 인피를 형성한다. 갈라진 사이로 담황색 또는 옅은 등황색의 섬유질이 나타난다. 조직은 얇고 담황색이며, 독하고 불쾌한 냄새가 강하다. 주름살은 떨어진주름살형이고 빽빽하며, 백색이지만 성장하면 담황색을 띤다. 주름살 날은 분질상이다. 대는 하부가 팽대한 원통형이다. 표면은 옅은 등갈색 또는 황토색 바탕에 갓과 같은 색의 작은 인편이 산재해 있다. 대의 속은 비어 있으며 잘 부서진다. 턱받이는 백색이고 거미줄형 또는 섬유질상이다.

발생 시기 및 장소 여름과 가을에 침엽수림과 활엽수림 또는 혼합림, 낙엽 많은 습지나 임산도로상 주변에서 흩어져 나거나 소수가 무리 지어 발생하는 국내의 희귀종이다.

비탈광대버섯

Amanita abrupta Peck

분류 광대버섯속 Amanita 광대버섯과 Amanitaceae 주름버섯목 Agaricales

형태적 특징 갓은 초기에 반구형 또는 유구형이나 성장하면 반반구형, 편평상반반구형 또는 편평형으로 된다. 초기에는 갓 끝에 백색의 내피막 잔유물이 부착되어 있다. 표면은 건성이고 백색 또는 유백색이지만 종종 담갈색으로 퇴색되며, 평활하고 방사상의 선이 없다. 사마귀상 또는 피라미드상의 돌기가 부착되어 있으나 쉽게 떨어져 나간다. 조직은 두껍고 육질형이며 백색이다. 주름살은 떨어진주름살형이고 빽빽하며, 주름살 날은 분질상이다. 대는 원통형이고, 기부는 양파 모양의 구근상이다. 표면은 손거스러미상 인피가 있으며, 대 기부의 구근상 위에 일반적으로 갓과 같은 사마귀점 돌기가 산재해 있다. 턱받이는 백색이고 막질이며, 윗면에 방사상의 홈선이 있고, 영존성이다.

발생 시기 및 장소 여름과 가을에 참나무류, 침엽수림 또는 혼합림 내 지상에 홀로 나거나 흩어져 발생하는 외생균근균이며, 발생빈도가 낮다.

이끼에밀종버섯

Galerina vittiformis (Fr.) Singer

> **분류** 에밀종버섯속 Galerina 포도버섯과 Strophariaceae
> 주름버섯목 Agaricales

형태적 특징 갓은 초기에 원추형 또는 종형이고 성장하면 펴지지만 종형 또는 반반구형으로 편평하게 펴지지 않는다. 표면은 대체로 평활하고 흡수성이며 황갈색을 띠고, 습할 때 방사상으로

반투명선이 나타난다. 건조하면 옅게 탈색되고 반투명선은 소실된다. 갓 끝은 평활하거나 톱니형이다. 조직은 황토색이고 얇으며, 냄새는 불분명하고, 맛은 부드럽다. 주름살은 대에 완전붙은주름살형이거나 끝붙은주름살형이고 성글며, 담황색 또는 황갈색을 띤다. 주름살 날은 평활하거나 미분상이다. 대는 위아래 굵기가 비슷하며 원통형이다. 표면은 상부는 황갈색이고 하부는 암적색을 띠며, 대 기부에 백색 균사모가 있다. 속은 비어 있다.

발생 시기 및 장소 봄부터 가을까지 혼합림 내 잘 썩는 나무 위의 이끼류 사이에 흩어져 나거나 소수가 무리 지어 발생한다.

절구무당버섯아재비

Russula subnigricans Hongo

분류 무당버섯속 Russula 무당버섯과 Russulaceae 무당버섯목 Russulales

형태적 특징 갓은 초기에 반구형이고, 끝은 안쪽으로 굽어 있지만 성숙하면 위로 펴지며 중앙오목편평형 또는 깔때기형으로 된다. 표면은 건성이고 회갈색 또는 흑갈색을 띠며, 미세한 털이

밀포하여 있으나 점차 탈락하여 평활하다. 불확실하지만 세로로 선이 있다. 조직은 두껍고 견고하며, 백색이지만 상처를 입으면 적색으로 변하고 시간이 경과하면 회색을 띤다. 주름살은 약간 두꺼우며 끝붙은주름살형 또는 내린주름살형이고, 성글며 짧은 주름살은 거의 없다. 상처를 입으면 붉은색으로 변하며 서서히 회색을 띤다. 대는 원통형이고 위아래 굵기가 비슷하다.

발생 시기 및 장소 여름과 가을에 활엽수림 내 지상에서 소수가 무리 지어 발생하며, 외생균근성 버섯이다.

턱받이종버섯

Conocybe filaris (Fr.) Kühner

분류 종버섯속 Conocybe 소똥버섯과 Bolbitiaceae 주름버섯목 Agaricales

형태적 특징 갓은 초기에 원추상 종형이나 성장하면 원추상 반반구형으로 되며, 대부분 중앙 부위는 돌출되어 있고, 끝은 위쪽으로 반전되어 있다. 표면은 평활하며, 습할 때 가는 주름 또는

반투명선이 있다. 건조하면 건변색 현상이 나타나고 황갈색 또는 등황색을 띠며, 건조하면 황토색을 띤다. 주름살은 끝붙은주름살형이며, 약간 성글고 폭은 좁으며, 황토색 또는 등황색을 띠고, 주름살 날은 분질상이다. 대는 원통형이고 종종 굽어 있으며 속은 비어 있다. 상부는 담황색을 띠며 백색의 분질이 있고, 세로로 홈선이 있다. 턱받이 아래쪽은 맑은 갈색이고 기부는 암갈색이나 회갈색을 띠며, 세로로 홈선이 있다. 턱받이는 막질이고 움직일 수 있으며, 상부는 방사상으로 홈선이 있다.

발생 시기 및 장소 봄, 여름과 가을에 정원, 공원, 임도 등의 부식질이 많은 곳에 흩어져 나거나 무리 지어 발생한다.

흰알광대버섯

Amanita verna (Bull.) Lam.

분류 광대버섯속 Amanita 광대버섯과 Amanitaceae 주름버섯목 Agaricales

형태적 특징 자실체는 초기에 백색의 외피막으로 싸여 있어 난형이나 상단 부위가 갈라지면서 대와 갓이 나타난다. 갓은 난형 또는 반구형이지만 성장하면 반반구형 또는 중고편평형으로

된다. 표면은 평활하고 습할 때 점성이 있으며, 백색이지만 종종 중앙 부위가 담황색을 띤다. 조직은 육질형이고 얇으며 백색이다. 주름살은 떨어진주름살형이며 빽빽하고, 주름살 날은 평활하거나 분질상이다. 대는 원통형이고, 대의 기부는 구근상이다. 표면은 백색을 띠며 거의 평활하나 미세한 섬유상 인피가 있다. 턱받이는 백색이고 막질형이며, 대주머니는 얇은 막질이다. 자실체는 KOH(수산화칼륨) 용액에서 변색되지 않는다.

발생 시기 및 장소 전역에 분포하며 초여름에 침엽수와 활엽수림 내 지상에 홀로 발생하고 드물게 발생한다.

지로미트린 gyromitrin
중독을 일으키는 버섯류

독성분류: gyromitrin poisoning

독성약역학

지로미트린을 함유한 버섯을 섭취할 경우 가수분해에 의해 지로미트린은 N-methylhydrazine 또는 monomethylhydrazine(MMH)을 형성하는 N-methyl-N-formylhydrazine(MFH)으로 전환된다. 최종적으로 생성되는 MH는 피리독살 포스페이트의 경쟁적 억제제로서 피리독신을 보조인자로 필요로 하는 효소계(decarboxylases, deaminases, transaminases를 포함하는)를 방해하여 결과적으로 GABA(γ-aminobutyric acid)의 농도를 떨어뜨려 신경 전달을 방해한다. 그 결과 의식변화, 발작 등의 중추신경계 중독 증상이 발생한다.

모노메틸하이드라진은 인간이나 다른 영장류 또는 개 등에 용혈현상을 일으킨다. 이 독성분은 중추신경을 공격하고 위장을 자극하며, 간에 손상을 입힌다. 동물 중에서 개와 사람만이 MMH에 의해 신장저해가 나타난다. 하이드라진 단순복합체인 독성분은 특히 아미노기 전이효소의 보조인자로서 피리독살 포스페이트(pyridoxal phosphate)의 효소반응을 저해하는 것으로 알려졌으며, 따라서 비타민 B_6(pyridoxine)를 첨가하여 치료하면 효과가 있다고 알려져 있다.

MFH와 MMH는 간에서 산화작용을 통해 반응 중간물질인 free methyl radical 및 불안정한 diazonium compound로 전환되며, 이들 중간대사 물질들은 간의 사이토크롬 효소계(cytochrome enzyme systems), 글루타티온(glutathione) 및 다른 생체분자들을 차단함으로써 국소적인 간의 괴사를 유발하는 것으로 알려져 있다. 실험실에서 동물실험을 한 결과 MMH의 최소 치사량(MLD)과 50% 치사량(LD_{50})이 밝혀졌고 독버섯의 섭취량에 따라 중독의 정도가 결정되며, 또한 치료의 효과 및 기간이 결정된다. 1783~1965년에 유럽에서 Gyromitra 독버섯류에 의하여 사망한 예는 14.5~34.5%로 각각 보고되어 있다.

중독증상

중독증상은 일반적으로 독버섯을 섭취한 후 4~50시간(평균 5~12시간) 정도 지나서 발생한다. 초기 중독 증상으로 오심·구토·심한 설사가 발생하며, 어지럼증·허약·근경련·근협조성의 상실이 발생할 수도 있다. 심한 경우 섬망, 발작, 혼수가 발생한다. 간부전은 일반적으로 심하지 않으나 독버섯을 섭취한 후 3~4일이 지나서 발생하기 시작한다. 저혈당증, 혈량저하증(hypovolemia), 심한 간부전이 발생할 수도 있다.

곰보버섯

Morchella esculenta (L.) Pers.

분류 곰보버섯속 Morchella 곰보버섯과 Morchellaceae 주발버섯목 Pezizales

형태적 특징 자실체는 중형이며 갓은 대 상부에서 1/2~2/3까지 대를 싸고 있으며, 아래쪽의 갓 끝은 대에 부착되어 있다. 모양은 원추형, 유구형 또는 원추상 난형이며, 표면은 호두 껍데기

모양의 불규칙한 홈이 있다. 이 홈은 깊고 현저하며 각형, 유구형, 타원상각형이다. 황토색, 황토밀색 또는 토황색을 띠며, 홈구는 담황색 또는 옅은 황토색을 띤다. 자실층은 갓의 표면인 홈에 고루 분포되어 있다. 조직은 백색 또는 황토색이고 탄력성이 있으며, 맛과 향기는 불분명하다. 대는 원통형이고 기부가 굵다. 표면은 다소 불분명한 주름이 있으며 백색을 띠고, 평활하거나 작은 비듬상 돌기와 거친 분질물이 있으나 쉽게 탈락한다. 속은 비어 있다.

발생 시기 및 장소 봄에 활엽수림(벚나무, 물푸레나무 등)이 많은 지상에 흩어져 나거나 소수가 무리 지어 발생한다. 국내에서는 다소 드물지만 한반도 전역에서 발견된다.

마귀곰보버섯

Gyromitra esculenta (Pers.) Fr.

분류 마귀곰보버섯속 Gyromitra 원반버섯과 Discinaceae 주발버섯목 Pezizales

형태적 특징 갓은 불규칙한 뇌상 유구형이다. 표면은 평활하고 황갈색, 적갈색 또는 흑갈색이다. 대는 짧고 뭉툭하며 현저한 홈선 또는 챔버형이다. 표면은 백색이고 미세한 비듬상이며, 속은 비어 있다. 갓과 대는 불규칙하게 부착되어 있다. 조직은 잘 부서지며 맛과 향은 특별하지 않다.

발생 시기 및 장소 4월과 5월 초에 침엽수 그루터기 주위, 톱밥 또는 나무 부스러기 주위에서 흩어져 나거나 무리 지어 발생한다. 국내에서는 매우 희귀한 종으로서 강원도에서 처음 발견되었다.

안장마귀곰보버섯

Gyromitra infula (Schaeff.) Quél.

■ **분류** 마귀곰보버섯속 Gyromitra 원반버섯과 Discinaceae 주발버섯목 Pezizales

형태적 특징 갓은 두상이거나 안장 모양 또는 다소 부정형 안장 모양이며, 끝 부위는 대부분 대에 부착되어 있거나 가깝게 밀착되어 있다. 자실층 면은 평활하거나 미세한 인편이 있다. 황갈

색, 적갈색 또는 자갈색, 흑색을 띤다. 내면은 백색이거나 황백색으로 융모가 있다. 대는 원통형이며, 기부는 약간 팽대하다. 표면은 평활하나 다소 굴곡이 있다. 백색, 유백색 또는 분홍색을 띠며, 분상이나 모분상으로 덮여 있다. 내부는 중공이며, 조직은 균일하고 외피층과 수층의 구별이 없다.

발생 시기 및 장소 여름부터 가을까지 부후목이나 잘 썩은 목재 부스러기가 풍부한 지상에 소수가 흩어져 발생한다.

와인잔안장버섯

Helvella acetabulum (L.) Quél.

■ **분류** 안장버섯속 Helvella 안장버섯과 Hevellaceae 주발버섯목 Pezizales

형태적 특징 자낭반은 컵 모양이나 조개형 또는 술잔형이고 불규칙한 파상형이며, 성장하면 종종 편평하게 퍼진다. 자실층은 평활하고 회갈색, 적갈색 또는 갈색을 띠며 부분적으로 보랏빛을

띤다. 바깥쪽인 비자실층은 갈색 또는 갈흑색이고, 기부 쪽은 옅은 색이며 미세한 비듬상 돌기가 있고, 기부에 분지와 간맥이 있다. 대는 짧고 뭉툭하며 백색 또는 황토색이고, 세로로 이랑상선 또는 홈선이 1/3~1/2까지 이어져 있다. 조직은 백색이고, 속은 비어 있거나 소실형이다.

발생 시기 및 장소 봄과 초여름에 활엽수과 침엽수림 내 부식질이 풍부한 지상, 목장 또는 임산도로에 홀로 나거나 소수가 무리 지어 발생하는 부후균이다. 국내에서 드물게 발생한다.

원반버섯

Discina ancilis (Pers.) Sacc.

분류 원반버섯속 Discina 원반버섯과 Discinaceae 주발버섯목 Pezizales

형태적 특징 자낭반은 초기에 컵 모양이나 곧 편평하게 펴지고, 갓 끝 부위는 파상형으로 위로 반전되어 있다. 상면의 자실층은 갈색 또는 적갈색을 띠며 요철상이고 종종 주름상이다. 불임

성 부위인 하면은 유백색, 황토색 또는 옅은 분홍색이고, 분지나 간맥이 있다. 대는 짧고 뭉툭하고 홈주름상이며, 연골질이고 속은 차 있다.

발생 시기 및 장소 봄부터 초여름까지 침엽수림 내의 부식질이 풍부한 지상, 고사목 또는 잘 썩거나 땅속에 매몰된 나무 위에 홀로 나거나 소수가 무리 지어 발생하는 부후균이다. 국내에서 드물게 발생한다.

코프린 coprine
중독을 일으키는 버섯류

독성분류 coprine poisoning

독성약역학 코프린이 아세트알데히드 탈수소화효소(acetaldehyde dehydrogenase)의 작용을 방해하여 에탄올 대사를 저해한다. 알코올 상승작용을 하는 코프린, $N^5-(1-hydroxy\ cyclopropyl)-L-glutamine$은 자연계에 존재하는 독특한 아미노산으로서, 동량의 사이클로프로파논(cyclopropanone)을 함유하고 있다. 이것은 디설피람(disulfiram : NND)과 비슷한 착염의 특성을 가지고 있다. 디설피람($N,N,N',N'-tetra-ethylthiuram-disulfide$)은 담황색의 결정성 분말로 몰리브덴과 결합하고, 아세트알데히드 산화효소의 작용을 억제하여 섭취한 알코올의 대사를 아세트알데히드 단계에서 중단시킨다. 이 물질의 농도가 증가하여 자율신경계의 베타 수용체를 통한 혈관운동(vasomotor) 장애의 원인이 된다.

중독증상 개개인의 감수성에 따라 다소 차이가 있지만, 독버섯을 4~5일 전에 먹은 후 술을 마시면 일반적으로 1시간~1시간 반 만에 증상이 나타난다. 또한 독버섯을 알코올과 함께 먹거나 많은 양의 술을 마신 후 곧바로 독버섯을

두엄먹물버섯

섭취해도 증상이 나타난다. 버섯을 섭취한 후 이르게는 2시간 후부터 술에 대해 민감해진다. 버섯을 섭취한 후 민감해진 상태에서 술을 마시면 15~20분 후부터 증상이 나타나며, 해독되기까지 3~6시간 정도 걸린다. 주요 중독증상은 심한 두통, 안면홍조, 감각장애, 체위성 저혈압, 구토, 빈맥, 흉통, 식은땀 등이다. 특히 심혈관질환이 있는 환자에게서는 쇼크, 대사성 산증, 부정맥, 심근경색 등을 동반할 수도 있다.

갈색먹물버섯

Coprinellus micaceus (Bull.) Vilgalys, Hopple & Jacq. Johnson

■ 분류 갈색먹물버섯속 Coprinellus 눈물버섯과 Psathyrellaceae
주름버섯목 Agaricales

형태적 특징 갓은 초기에 구형 또는 반구형이나 성장하면 종형, 중앙볼록편평형 또는 편평하게 펴진다. 표면은 옅은 황갈색 또는 황토색이고, 미세한 돌비늘 모양의 인편이 있으나 조기에

탈락한다. 성장하면 갓 주변 부위부터 중앙 쪽으로 갈회색을 띠다가 흑색으로 된다. 끝 부위는 파상형이고 방사상의 홈선이 있으며, 성장하면 방사상으로 갈라진다. 조직은 얇고 옅은 녹갈색을 띠며, 맛과 향기가 부드럽다. 주름살은 끝붙은주름살형이며 빽빽하고, 초기에는 백색이지만 성숙하면 라일락회색 또는 흑갈색을 띤다. 주름살 날은 분질상이다. 주름살 끝에서부터 서서히 액화현상이 일어난다. 대는 원통형이고, 위아래 굵기가 같으며 기부가 다소 굵다. 표면은 백색이고 전체에 백색의 미세한 분질이 피복되어 있으며, 기부 쪽은 점차 담황색을 띤다. 잘 부서지며, 속은 비어 있다.

발생 시기 및 장소 여름과 가을에 활엽수의 그루터기 또는 매몰된 나무 위에 무더기로 나거나 무리 지어 발생한다.

식용 가능 여부 버섯의 어린 시기에는 식용할 수 있으나 알코올과 함께 섭취하면 소화기 증상(구역질, 구토, 복통 등)을 유발하며, 증상은 3~4일 정도 지속되다가 자연 치유된다.

배불뚝이연기버섯

Ampulloclitocybe clavipes (Pers.) Redhead, Lutzoni, Moncalvo & Vilgalys

분류 연기버섯속 Ampulloclitocybe 벚꽃버섯과 Hygrophoraceae
주름버섯목 Agaricales

형태적 특징 갓은 초기에 반구형 또는 반반구형이나 성장하면 점차 편평하게 펴진다. 종종 중앙 부위는 약간 돌출되어 있으며, 성장 초기에 갓 끝은 안쪽으로 말려 있으나 성장하면 펴지고 갈

라지거나 파상을 이룬다. 표면은 대체로 평활하나 가는 섬유질이 있고, 회갈색이나 황갈색을 띠며, 중앙 부위는 짙은 색을 띤다. 조직은 중앙부는 두껍고 치밀하며 백색이다. 맛과 향기는 부드럽다. 주름살은 대에 내린주름살형 또는 긴내린주름살형이고, 가끔은 분지가 있으며 빽빽하고, 백색 또는 담황색을 띤다. 주름살 날은 평활하다. 대는 원통형이나 하부가 팽대하여 역곤봉형이다. 표면은 백색, 옅은 회색 또는 담황색을 띠고 세로로 동색의 섬유질이 있으며, 기부에 백색 균사모가 있다. 대의 조직은 육질형으로 부드럽고 속은 차 있거나 스펀지상이며 백색이다.

발생 시기 및 장소 가을에 혼합림 또는 침엽수림(특히 적송림) 내의 지상 또는 부식질이 많은 곳에 흩어져 나거나 소수가 무리지어 발생한다.

회색두엄먹물버섯

Coprinopsis atramentaria (Bull.) Readhead, Vilgalys & Moncalvo

▍**분류** 두엄먹물버섯속 Coprinopsis 눈물버섯과 Psathyrellaceae
주름버섯목 Agaricales

형태적 특징 갓은 초기에 난형이나 성장하면 종형 또는 원추상 종형으로 발달한다. 표면은 담회색 또는 담회갈색을 띠며, 회갈색의 미세한 인편이 있다. 종종 중앙 부위를 제외하고 방사상으로

잔주름이나 홈선이 있다. 주름살은 끝붙은주름살형이며, 빽빽하고 유백색이거나 옅은 회백색이다. 포자가 성숙하면 갓 끝쪽에서부터 자갈색이나 적갈색을 띠다가 흑색으로 변하며, 포자를 날린 후에 끝에서부터 액화현상이 나타난다. 대의 기부가 굵으며 방추형 뿌리 모양이다. 성장하면 속은 비어 있고, 기부에 내피막의 일부가 불완전한 턱받이를 이룬다.

발생 시기 및 장소 농가 주변이나 들판에서 흔히 아침에 발견되는 버섯이며, 해가 뜨면서 먹물처럼 녹아내리는 특징이 있다. 봄과 가을에 정원, 화전지, 도로변의 퇴비 더미 주위 또는 부식질이 많은 곳에서 발생하며, 종종 활엽수의 부후목에 무리 지어 발생한다.

무스카린 muscarine
중독을 일으키는 버섯류

독성분류 muscarine poisoning

독성약역학 독성물질인 무스카린으로 인해 부교감 유사효과가 나타난다. 무스카린은 뇌막장벽(meningeal barrier)을 교차하여 중추신경계에 전달하지 않고 말초신경에서만 효과가 나타난다. 무스카린 복합체 중에는 순수한 무스카린 효과보다 히스타민 효과가 더 큰 것도 있다. 무스카린은 부교감계를 자극하여 근육긴장도를 증가시키고, 위장 및 요로계 활성화·빈맥·축동·발한·타액분비 등을 유발한다. 무스카린은 열에 안정적이어서 가열해도 독성이 없어지지 않는다.

중독증상 버섯을 섭취한 후 15분에서 1시간 이내에 증상이 발현된다. 발한, 구토, 설사, 저혈압, 복통, 축동, 시야장애, 서맥, 콧물, 눈물 등이 주요 증상이다. 기관지 수축으로 호흡곤란과 천명음이 생길 수 있다. 중독증상은 일반적으로 30분에서 2시간 이내에 발한, 침흘림, 최루증이 갑자기 나타나며, 이어서 눈동자가 떨리고 일시적으로 복부경련 및 통증이 나타나며 종종 설사를 한다. 또한 얼굴에 홍조현상 및 고열 증상과 함께 발한, 호흡곤란 증세가 나타나기도 한다. 이러한 증상은 무스카린에 의한 것이기보다 히스타민 독성분에 의한 것이다. 동공협착, 혈압강하, 서맥 등이 무스카린에 의한 초기 증상이며, 시간이 경과하면 감수성이 있는 환자나 중독이 심한 환자의 폐에서 천식성 라음(asthmatic rales)과 수포음(rhonchi)이 들린다. 한편 심각한 호흡곤란 증세가 나타난 어린이에게 간헐적 양압치료법을 행한 예가 보고되었으며, 심한 경련이 발생하면 근육이완제를 사용함으로써 조절할 수 있었다는 보고가 있다. 사망률이 6~12%로 보고되었으며 대부분의 사망 예는 심장 또는 폐질환을 가진 어린아이에게서 나타났다.

※ 주의 : 독버섯에 의한 중독증상 중에서 발한, 유연증, 최루증 등의 복합증상이 나타나는 것은 무스카린 외에는 없다.

깔때기버섯

깔때기버섯

Clitocybe nebularis (Batshch) P. Kumm.

■ **분류** 깔때기버섯속 Clitocybe 송이과 Tricholomataceae 주름버섯목 Agaricales

형태적 특징 갓은 깔때기버섯류 중에서 매우 크며, 초기에 반반구형이고 갓 끝은 안쪽으로 말려 있으며, 성장하면 점차 편평하게 퍼진다. 중앙 부위는 약간 함몰되거나 돌출되어 있으며, 갓

끝은 위로 반전되기도 한다. 표면은 회색, 옅은 갈회색 또는 담갈색을 띠며, 습할 때는 약간 점성이 있고 갓 끝 부위에 방사상의 섬유질이 드물게 나타난다. 조직은 비교적 두꺼우며 치밀하고 백색이다. 맛과 향기는 불분명하다. 주름살은 대에 짧은내린주름살형이고 빽빽하며 옅은 황백색을 띤다. 주름살 날은 평활하다. 주름살은 갓 조직으로부터 분리가 잘 된다. 대는 하부 쪽이 굵어져 곤봉형이 되거나 기부가 팽대해져 괴근형을 이룬다. 표면은 백색 또는 옅은 회색 바탕에 세로로 옅은 회갈색의 섬유질이 있으며, 대 기부에 백색 균사모가 있다. 속은 차 있거나 비어 있다.

발생 시기 및 장소   여름과 늦가을에 주로 침엽수림 내 지상 또는 부식질이 많은 곳에 소수가 무리 지어 나거나 드물게는 흩어져 발생한다.

바늘땀버섯

Inocybe calospora Quél.

분류 땀버섯속 Inocybe 땀버섯과 Inocybaceae 주름버섯목 Agaricales

형태적 특징 갓은 초기에 원추형이나 성장하면 종형, 반반구형 또는 중앙볼록편평형으로 된다. 표면은 건성이고 방사상으로 섬유질이지만 점차 비듬상 인편으로 갈라지고, 끝은 약간 반전되

어 있으며 회갈색 또는 적갈색을 띤다. 조직은 얇고 백색이며 밤꽃 냄새가 난다. 주름살은 완전붙은주름살형 또는 끝붙은주름살형으로 좁으며, 약간 빽빽하고 유백색이지만 성장하면 갈색을 띤다. 주름살 날은 백색의 분질이 있다. 대는 기부 쪽이 다소 굵고, 표면은 건성이며 회갈색 또는 적갈색을 띠고, 세로로 섬유질이 있으며 백색의 분질 또는 면모상 분질이 있다.

발생 시기 및 장소 여름과 가을에 활엽수림 또는 혼합림의 지상에 소수가 무리 지어 발생하며, 드물게 발견된다.

비듬땀버섯

Inocybe lacera (Fr.) P. Kumm.

분류 땀버섯속 Inocybe 땀버섯과 Inocybaceae 주름버섯목 Agaricales

형태적 특징 갓은 초기에 종형이지만 성장하면 반반구형 또는 중앙볼록편평형으로 된다. 표면은 건성이고, 중앙 부위는 암갈색 또는 갈색을 띠며, 끝 부위는 갈색, 황갈색 또는 담갈색을 띤다.

방사상으로 섬유질이 있으며 부분적으로 섬유질 인피가 있고, 초기에는 백회색의 거미줄 모양 내피막이 있으나 곧 소실된다. 조직은 황백색 또는 담갈색이며 밤꽃 냄새가 난다. 주름살은 완전붙은주름살형 또는 끝붙은주름살형이며, 약간 빽빽하고 담갈색, 황갈색, 암적갈색을 띠며, 주름살 날은 분질상이다. 대는 원통형이고 하부 쪽이 다소 굵으며, 건성이고 담황갈색이나 후에 암갈색을 띤다. 세로로 담갈색의 섬유질이 있고 기부는 흑갈색을 띤다.

발생 시기 및 장소 주로 여름에 발견되는데, 관목이 있는 언덕, 활엽수림, 침엽수림, 혼합림 등의 지상 또는 도로변에서 무리 지어 발생한다.

삿갓땀버섯

Inocybe asterospora Quél.

■ **분류** 땀버섯속 Inocybe 땀버섯과 Inocybaceae 주름버섯목 Agaricales

형태적 특징 갓은 초기에 원추형이나 성장하면 종형 또는 중앙볼록편평형이 된다. 표면은 건성이며 적갈색, 회갈색 또는 갈색을 띠고 평활하나 성장하면 섬유질의 표피가 방사상으로 갈라

져 섬유질선이 나타난다. 갈라진 사이로 백색의 조직이 보이고 밤꽃 냄새가 난다. 주름살은 완전붙은주름살형 또는 끝붙은주름살형이며 약간 빽빽하고 옅은 회황색이나 성장하면 적갈색 또는 회갈색을 띠며, 주름살 날은 백색의 분질상이다. 대는 원통형이며, 기부는 테두리 구근형(marginate bulb)이고 견사상 광택이 나며, 맑은 갈색, 황갈색, 적갈색을 띤다. 전체에 미세한 백색 분질물이 있다.

발생 시기 및 장소 여름부터 가을까지 활엽수림 또는 침엽수림의 지상에 홀로 나거나 소수가 무리 지어 발생하며 드물게 발견된다.

솔땀버섯

Inocybe rimosa (Bull.) P. Kumm.

분류 땀버섯속 Inocybe 땀버섯과 Inocybaceae 주름버섯목 Agaricales

형태적 특징 갓은 초기에 원추형 또는 난형이지만 성장하면 종형 또는 유원추형이 된다. 표면은 건성이고 황토색, 황갈색을 띤다. 방사상으로 갈라진 섬유질 또는 섬유질선이 분명히 나타나

며, 갈라진 사이로 옅은 황백색의 조직이 보인다. 갓의 끝은 안쪽으로 굽어 있으며 밤꽃 냄새가 난다. 주름살은 완전붙은주름살형 또는 끝붙은주름살형이며 빽빽하고, 유백색이나 성장하면 황갈색을 띠며, 주름살 날은 백색의 분질상이다. 대는 하부 쪽이 굵으며 종종 비틀려 있다. 옅은 황백색이지만 성장하면 황토색 또는 담황색을 띠며, 세로로 미세한 섬유질이 있고 상부는 백색의 분질이 있다.

발생 시기 및 장소 여름과 가을에 활엽수림과 침엽수림 또는 혼합림의 지상 또는 도로변에 산재하거나 소수가 무리 지어 발생한다.

흰땀버섯

Inocybe umbratica Quél.

분류 땀버섯속 Inocybe 땀버섯과 Inocybaceae 주름버섯목 Agaricales

형태적 특징 갓은 초기에 원추형 또는 난형이나 성장하면 반반구형 또는 편평형으로 되며, 중앙부가 돌출되어 있다. 표면은 건성이고, 초기에는 백색 또는 담황색이지만 점차 황색이나 옅은 황

갈색으로 된다. 방사상으로 섬유질선이 있으며, 갓 끝 부위에는 섬유상 인피가 있다. 조직은 백색이며 얇고 밤꽃 냄새가 난다. 주름살은 완전붙은주름살형 또는 끝붙은주름살형이며 약간 빽빽하고, 성장하면 황색에서 녹황색으로 바뀌며, 주름살 날은 백색의 분질상이다. 대는 원통형이고, 기부는 유구근상을 이루고, 종종 비틀려 있다. 백색이나 후에 황색 또는 담황색을 띠며, 전체에 백색의 분질이 있다. 성장하면 종종 속은 비어 있다.

발생 시기 및 장소 여름과 가을에 침엽수림 또는 혼합림의 지상 또는 도로변에 산재해 있거나 소수가 무리 지어 발생한다.

이보텐산–무시몰 ibotenic acid-muscimol 중독을 일으키는 버섯류

독성 분류

ibotenic acid-muscimol(isoxazole derivatives) poisoning

이보텐산(ibotenic acid)과 무시몰(muscimol)은 본질적으로 중독성이 있다. 여기에 포함되어 있는 판세린(pantherin), 스티졸로브산(stizolobic acid), 스티졸로빈산(stizolobinic acid)과 트리콜롬산(tricholomic acid) 등이 항콜린성(anticholinergic) 효과가 있다. 그러나 이러한 독버섯류는 아트로핀(atropine), 필츠아트로핀(pilzatropine), 히오쉬아민(hyoschyamine), 스트라모니움(stramonium)을 함유하고 있다는 증거는 없다. 종종 적은 양의 무스카린을 함유하고 있어 항콜린성 효과가 있으나, 임상의학적으로 유의성이 없다. 항콜린성 증후군(anticholinegic syndrome)은 중추신경과 말초신경계에 징후와 증상이 나타나지만, 무스카린에 의한 콜린성 증상은 대부분 말초신경에서만 나타난다. 무시몰은 중추신경계에 미치는 영향 면에서 이보텐산보다 독성이 5~10배 높다. 이보텐산의 상당량이 빠르게 무시몰로 전이되는 것이 측정되었다. 무시몰은 비교적 빠르게 소변으로 배출된다. 대부분의 독성분이 체내에서 빠져나간 후에 흥분 또는 도취상태가 나타난다. 무시몰 6mg 또는 이보텐산 30~600mg을 섭취하면 중추신경계 이상이 발생한다.

독성 약역학

주된 독성분은 이속사졸(isoxazole) 유도체이며, 이속사졸 복합체인 이보텐산과 이보텐산의 유도체인 무시몰이 대부분 독성 증상을 유발한다. 이보텐산은 빠르게 무시몰로 전환되고, 무시몰은 구조적으로 GABA와 유사하여 GABA 수용체에 결합함으로써 신경학적 증상이 나타난다. 마귀광대버섯(A. pantherina)은 그 외에 스티졸로브산과 스티졸로빈산 같은 독성분도 함유하고 있다. 이 성분들은 항콜린성 효과를 나타낼 수 있다.

중독 증상

증상은 버섯을 섭취한 후부터 30분에서 수 시간 내에 발생하고, 증상은 일시적이며 6시간 정도 지속되고 대부분의 경우 24시간 이내에 회복된다. 어지러움·실조증(ataxia)·근육연축 등을 보이며, 초기 정신적 흥분을 보이다가 수면에 빠지는 증상이 반복적으로 나타나기도 한다. 과량을 섭취한 경우, 시각장애·발열·혼수·간대성 근경련(myoclonus)·산동(mydriasis)·경련 등이 나타나기도 한다. 독버섯을 먹은 후 30분에서 2시간 이내에 현기증과 수의 운동 실조가 나타나며, 특히 알코올 중독자처럼 비틀거린다. 심한 경우에는 운동 실조가 일어나고 이어서 근육이 뒤틀리거나 과운동증, 근육경직 및 경련이 나타난다. 또한 일상적으로 시력장애가 나타나며, 종종 다행증(euphoria)을 동반한다. 환경이나 개인에 따라 정신팽창시(mind-expanding vision)가 나타나기도 한다. 그러나 일반적으로 구토를 하지 않는다. 이러한 종류의 독버섯을 먹고 죽는 예는 1% 미만으로 알려져 있으며, 성인의 경우 1개의 버섯으로도 증상이 나타나지만, 성인 남자의 경우 자실체 20개를 먹어도 죽지 않은 예가 있다. 그러나 버섯마다 독성분 함량이 다르고 개개인의 독버섯에 대한 감수성이 다르므로 주의해야 한다.

마귀광대버섯

Amanita pantherina (DC.) Krombh.

■ **분류** 광대버섯속 Amanita 광대버섯과 Amanitaceae 주름버섯목 Agaricales

형태적 특징 갓은 초기에 반구형 또는 유구형이나 성장하면 반반구형 또는 편평하게 펴지며, 종종 중앙오목편평형 혹은 중앙 볼록편평형으로 된다. 표면은 습할 때 점성이 있고, 황갈색, 회갈

색, 암갈색 바탕에 백색 사마귀점이 동심원상 또는 불규칙하게 부착되어 있으며, 방사상으로 홈선이 있다. 조직은 두껍고 백색이며 육질형이다. 주름살은 떨어진주름살형으로 빽빽하고 백색이며, 주름살 날은 약간 톱날형이다. 대는 원통형이며 기부는 구근상이고, 바로 위에 외피막의 일부가 2~4개의 불완전한 띠를 이룬다. 표면은 백색이고, 턱받이 아래쪽은 손거스러미 모양 또는 섬유상의 인피가 있다. 턱받이는 백색이고 막질이다.

발생 시기 및 장소 여름과 가을에 발견되며 침엽수림, 활엽수림 또는 혼합림의 지상에 홀로 나거나 흩어져서 발생한다.

파리버섯

Amanita melleiceps Hongo

분류 광대버섯속 Amanita 광대버섯과 Amanitaceae 주름버섯목 Agaricales

형태적 특징 갓은 초기에 구형 또는 반구형이나 성숙하면 반반구형 또는 편평하게 펴진다. 표면은 습할 때 점성이 있으며, 담황색 또는 황토색을 띠고, 백색이나 담황색의 분질이 산재해 있

으며, 방사상의 홈선이 있다. 조직은 얇고 유백색 또는 옅은 황색을 띠며 잘 부서진다. 주름살은 떨어진주름살형이고 성글며 백색을 띠고, 주름살 날은 평활하다. 대는 원통형이고, 기부는 팽대하여 구근상을 이룬다. 표면은 백색 또는 담황색을 띠고, 구근상 위에는 담황색의 분질물이 덮여 있으나 소실된다. 성장하면 대의 속은 빈다. 턱받이는 없다.

발생 시기 및 장소 여름에 주로 발견되는데, 적송림 또는 참나무림의 지상에 흩어져 발생한다.

환각 hallucinogenic toxin
중독을 일으키는 버섯류

독성분류

hallucinogenic toxin poisoning
대부분의 경우 다량의 버섯을 복용했을 때 증상이 유발된다.

독성약역학

이들 버섯류에 내포된 향정신성 성분은 사일로시빈 (psilocybin) 또는 사일로신(psilocin)이라 불리는 인돌 알칼로이드(indole alkaloids)로서 하이드록시트립타민 (hydroxytryptamine)의 유도체이다. 유효용량은 사일로시빈 4~8 ㎎인데, 말린 버섯 약 2㎎에 들어 있다. 사일로시빈, 사일로신, 배오시스틴(baeocystin), 노르배오시스틴(norbaeocystin)과 인돌은 디-리세르그산(d-lysergic acid, LSD)과 유사하며, 주로 중추신경계에 영향을 주어 환각을 일으킨다. 또한 어느 정도는 말초신경계에도 영향을 미치는데, 이것은 부포테닌 효과(bufotenin effects)와 유사한 세로토닌-노르에피네프린(serotonin-norepinephrine) 경로로 생각된다. 세로토닌(5-hydroxytryptamine)은 혈관수축작용을 나타내는 물질이고, 노르에피네프린($C_8H_{11}NO_3$)은 부신수질 이외의 트롬친화성 조직에서 분비되는 호르몬의 일종으로, 주로 기능작용을 할 때 개재물로서 교감신경 말단부에서 생성되는 탈메틸기성의 에피네프린이다.

중독 증상

가벼운 두통, 위약감, 불안감 등이 버섯 섭취 30~60분 후에 시작된다. 대부분의 증상은 4시간 이내에 사라지며 12시간 이상 지속되는 정신불안감 증상은 매우 드물다. 산동과 시야장애가 흔하고 빈맥, 고혈압, 반사항진(hyperreflexia) 등은 절반 이하의 환자들에게서 관찰된다. 정신불안(dysphoria), 인지장애(disorientation), 실조(ataxia), 착란(agitation), 공격적인 행동 등이 나타날 수도 있다. 반사회적 행동이 나타날 경우 생명에 가장 큰 위협이 된다. 환각은 절반 이하의 환자들에게서 나타나며, 소아가 다량의 버섯을 복용했을 때 혼수, 경련, 고열, 사망 등의 발생도 보고되었다.

갈황색미치광이버섯

갈황색미치광이버섯

Gymnopilus spectabilis (Fr.) Singer

분류 미치광이버섯속 Gymnopilus 턱받이버섯과 Hymenogastraceae
주름버섯목 Agaricales

형태적 특징 갓은 초기에 원추형 또는 종형이지만 성장하면 반반구형 또는 편평형으로 된다. 건성이고 등황색이나 등황갈색을 띠며, 초기에는 미세한 융모상이거나 평활한데, 성장하면 표

면이 갈라져 가느다란 섬유질 인피를 형성한다. 갓 끝은 상당 기간 안쪽으로 말려 있으며, 종종 내피막의 잔유물인 담황색 또는 옅은 황갈색을 띤 섬유상 막질이 부착되어 있다. 조직은 유황색 또는 등황색이며 맛은 쓰다. 주름살은 홈주름살형 또는 짧은내린주름살형이며 빽빽하고 황색을 띠는데, 성장하면 황갈색이나 밝은 적갈색을 띤다. 대의 하부는 굵으며 기부는 다시 가늘어져 방추형이다. 턱받이 위쪽은 옅은 황금색을 띠며 백색의 분질이 있고, 아래쪽은 황토색 또는 적갈색을 띠며 백색의 섬유질 인피가 있다. 턱받이는 막질이고 영존성이며 담황색을 띠지만 포자가 떨어지면 황갈색 또는 갈색을 띤다. 조직은 단단하고 섬유상 육질이며 옅은 황색을 띤다.

발생 시기 및 장소 여름과 가을에 활엽수 고사목의 그루터기 주위 또는 살아 있는 나무뿌리 주위에서 발견된다.

검은띠말똥버섯

Panaeolus subbalteatus (Berk. & Broome) Sacc.

분류 말똥버섯속 Panaeolus 과명 미상 Incertae sedis 주름버섯목 Agaricales

형태적 특징 갓은 초기에 유구형이지만 성장하면 반구형, 반반구형 또는 중고편평형으로 된다. 표면은 습할 때 암적갈색을 띠는데 건조하면 담황색 또는 담황갈색을 띠고, 평활하나 드물게

는 갈라져 미세한 인피를 형성한다. 갓 끝은 주름살보다 신장된 갓깃을 형성하지 않는다. 조직은 얇고 담황색을 띤다. 주름살은 완전붙은주름살형이며 약간 빽빽하고, 회색 또는 회백색이나 점차 적갈색 또는 흑갈색의 반점이 나타나고 전체가 흑색으로 변한다. 주름살 날은 백색이고 분질상이다. 대는 원통형이며 가늘고 길다. 표면은 유백색 또는 옅은 적갈색을 띠며 백색의 분질물이 덮여 있다. 대 속은 비어 있고 연골질이다.

발생 시기 및 장소 여름과 가을에 목초지에서 발견되는데, 소나 말의 배변물에서 발생한다. 버섯의 포자가 풀잎에 붙어 있다가 초식동물(말, 소 등)이 풀을 먹으면 그 장기를 통과하여 나오면서 포자 발아가 시작되기 때문이다. 발생장소는 말똥버섯과 거의 동일하나 발생시기는 다소 늦다.

검은망그물버섯

Retiboletus nigerrimus (R. Heim) Manfr. Binder & Bresinsky

분류 망그물버섯속 Retiboletus 그물버섯과 Boletaceae 그물버섯목 Boletales

형태적 특징 갓은 초기에 반구형 또는 반반구형이나 성장하면 편평하게 퍼진다. 표면은 건성이고 잿빛을 띤 녹갈색인데, 성장하면 흑색 또는 자흑색으로 되며 평활하거나 미세한 털이 있다.

조직은 두껍고 육질형이며 담회백색 또는 담녹황색이나 상처를 입으면 흑색으로 변한다. 약간 쓴맛 또는 신맛이 난다. 관공은 대에 끝붙은관공형으로 점차 대 주위가 함입되어 떨어진관공형이 된다. 초기에는 담회황색 또는 녹회색을 띠다가 후에 등회색 또는 자회색으로 되고, 상처를 입으면 서서히 흑색으로 된다. 관공구는 다각형이고 관공과 같은 색을 띠며, 상처를 입으면 흑색으로 변한다. 대는 원통형이고, 전면에 현저한 돌기상 망목이 있으며 황록색 또는 회황색이다. 성장하면 기부에 녹갈색 또는 갈황색의 인피가 나타나며 상처를 입으면 흑색으로 된다. 성숙한 대 기부의 조직은 부분적으로 젤라틴화한다.

발생 시기 및 장소 여름과 가을에 적송림과 참나무가 많은 지상에 자생한다.

계란말똥버섯

Panaeolus semiovatus (Sowerby) S. Lundell & Nannf.

■ **분류** 말똥버섯속 Panaeolus 과명 미상 Incertae sedis 주름버섯목 Agaricales

형태적 특징 갓은 초기에 유구형 또는 난형인데, 성장하면 종형 또는 반구형으로 된다. 갓 끝은 백색의 내피막으로 싸여 있고, 성장하면 갓깃을 형성한다. 표면은 평활하나 건조하면 종종 거북

의 등 모양으로 갈라지며, 습할 때 매끄럽고 담황색 또는 옅은 황갈색이다. 조직은 백색이고, 중앙 부위는 두껍다. 주름살은 완전붙은주름살형이며 약간 빽빽하고, 회색 또는 회백색인데 포자가 성숙하면 점차 회갈색 또는 흑갈색의 반점이 나타나며, 후에 주름살 전체가 흑색으로 된다. 주름살 날은 백색이고 분질상이다. 대는 가늘고 길며, 기부는 다소 괴근상이다. 표면은 평활하고 유백색이며 백색의 분질물이 있고, 성장하면 갓과 같은 색을 띠며 세로로 홈선이 나타난다. 대 속은 비어 있고 연골질이다. 턱받이는 막질이며 백색이고, 대의 1/2에 있다.

발생 시기 및 장소 봄과 가을에 목초지에서 발견되는데, 소나 말의 배변물에서 발생한다. 버섯의 포자가 풀잎에 붙어 있다가 초식동물(말, 소 등)이 풀을 먹으면 초식동물의 장기를 통과하여 나오면서 포자 발아가 시작되기 때문이다.

노란종버섯

Conocybe apala (Fr.) Arnold

분류 종버섯속 Conocybe 소똥버섯과 Bolbitiaceae 주름버섯목 Agaricales

형태적 특징 갓은 초기에 협원추형이나 성장하면 갓 끝 부위는 위쪽으로 약간 반전되며, 표면은 평활하고 습할 때 선이 보이며, 중앙부는 황토색이나 주변부는 크림색 또는 담황백색을 띤

다. 조직은 얇고 잘 부서진다. 주름살은 대에 완전붙은주름살형으로 약간 빽빽하며 폭은 좁고, 초기에는 담황백색이나 후에 황갈색 또는 적갈색을 띤다. 대는 가늘고 길며, 기부는 구상이고 표면은 백색이나 미분으로 덮여 있으며, 중공이고 연약하며 잘 부서진다.

발생 시기 및 장소 여름과 가을에 초원, 잔디밭 도로변, 이끼류 등에 흩어져 발생한다.

말똥버섯

Panaeolus papilionaceus (Bull.) Quél.

분류 말똥버섯속 Panaeolus 과명 미상 Incertae sedis 주름버섯목 Agaricales

형태적 특징 갓은 초기에 난형이나 성장하면 종형 또는 반반구형으로 되며, 표면은 옅은 회색, 옅은 황토색 또는 옅은 회갈색을 띠고, 평활하나 종종 거북의 등 모양으로 갈라진다. 갓 끝에

내피막 조각이 톱날처럼 규칙적으로 부착되어 있으며, 갓깃을 형성하지 않는다. 조직은 얇고 옅은 황색을 띤다. 주름살은 완전붙은주름살형이며 약간 빽빽하거나 성글고, 회색 또는 회백색이나 포자가 성숙하면 점차 흑색의 반점이 나타나다가 흑색으로 변한다. 주름살 날은 백색이고 분질상이다. 대는 가늘고 길며 위아래의 굵기가 같다. 표면은 유백색이거나 옅은 적갈색을 띠나 후에 회갈색 또는 암갈색으로 되며 백색의 분질물이 덮여 있다. 대 기부에는 백색의 균사모가 있다. 대 속은 비어 있고 연골질이며 잘 부서진다.

발생 시기 및 장소 봄과 가을에 목초지에서 발견되는데, 소나 말의 배변물 위 또는 그 주변에서 발생한다. 버섯의 포자가 풀잎에 붙어 있다가 초식동물(말, 소 등)이 풀을 먹으면 그 장기를 통과하여 나오면서 포자 발아가 시작되기 때문이다.

좀환각버섯

Psilocybe coprophila (Bull.) P. Kumm.

분류 환각버섯속 Psilocybe 포도버섯과 Strophariaceae 주름버섯목 Agaricales

형태적 특징 갓은 초기에 유구형 또는 반구형이나 성장 후에 반구형 또는 편평상 반반구형으로 된다. 종종 중앙에 둔한 소돌기가 있으며, 완전 편평하게 펴지지 않는다. 표면은 습할 때 점성

이 있고 담갈색 또는 암자갈색으로 반투명선이 보이며, 투명하고 얇은 점성의 표피증이 있으나 잘 벗겨진다. 건조하면 담황색으로 퇴색한다. 주름살은 완전붙은주름살형 또는 짧은내린주름살형으로 성글다. 폭이 넓어 갓을 위에서 아래로 자르면 주름살은 삼각형이며 옅은 회갈색인데, 포자가 성숙하면 흑갈색으로 되며, 주름살 날은 백색의 분질이 있다. 대는 기부가 약간 굵고, 표면에는 미세한 섬유질이 있으며 갓보다 연한 색을 띠고 중공이다. 내피막은 백색의 거미줄 또는 면상 섬유질이고, 턱받이는 형성하지 않는다.

발생 시기 및 장소 여름과 가을에 소, 말, 염소 등의 배설물 또는 퇴비 더미 위에 다수가 무리 지어 발생한다.

위장관 자극 gastrointestinal irritants
중독을 일으키는 버섯류

독성분류

gastrointestinal irritants

독버섯을 먹었더라도 개인에 따라 중독증상이 나타나는 사람과 증상이 나타나지 않는 사람이 있을 수 있다. 또한 같은 독버섯을 한 개인이 먹었을 때 중독증상이 나타났다가 다음에는 나타나지 않을 수도 있다. 위장관 자극 중독을 일으키는 버섯류는 콜린 성분, 내열성 용혈독소 등 버섯을 먹고 구토, 복통, 설사 등을 수반하는 버섯류가 모두 포함되어 있다. 국내 독버섯의 50% 이상이 위장간 자극 중독의 버섯으로 분류되어 있으나 정확한 기전이 알려져 있지 않은 버섯들을 증상만으로 모아 놓은 그룹들이다.

독성약역학

대부분의 소화관 자극제(GI irritant)가 아직 밝혀져 있지 않기 때문에 정확한 기전도 알려져 있지 않다. 요리를 하면 독소를 불활성화시킬 수 있다고도 하지만 확실하지 않다. 위장장애를 일으키는 독버섯류는 매우 다양한 속(genus)에 폭넓게 퍼져 있으며, 함유하는 독성분에 관한 많은 연구에도 불구하고 도움이 될 만한 결과는 별로 없는 것으로 보인다. 이런 잡다한 독성분에 알맞은 종합적인 이름이 없어서 'gastrointestinal irritants'를 사용하고 있다.

나팔버섯(*Gomphus floccosus*)에서 노르카페라트산(norcaperatic acid: α-tetradecylcitric, 구조가 구연산과 비슷함)을 분리하였으며,

흰갈대버섯(*Chlorophyllum molybdites*)은 위장장애를 일으키는 독성분을 함유한 전형적인 독버섯이다. 한편 젖버섯류에서 12종 이상의 독성분 복합물질이 발견되었다. 그 외의 버섯류에서 유사한 조사결과, 독성분이 확실하게 밝혀지지는 않았지만 아미노산을 함유한 물질이 거론되고 있다.

중독증상 독버섯 섭취 후 30분 내지 1시간 30분이 지나면서부터 시작하며 3~4시간이 지나면 점차 감소하다가 수일 후면 완전히 회복되는데, 대개는 1일 이내에 회복된다. 주로 소화기장애(설사, 구토, 복통 등)를 호소한다. 어린이의 경우 다량의 버섯을 섭취했을 때 사망한 일부 사례가 보고된 바 있다. 독버섯을 먹고 30분 내지 2시간 이내에 구역, 구토, 복통, 설사 및 탈수 현상을 수반하며 쇠약, 현기증, 오한이 일어난다. 또한 감각이상증(paresthesias), 강직성 경련(tetanus)도 보고된 바 있다. 대부분의 증상들은 3~4시간 후에 어느 정도 진정되며, 1~2일이면 완전 회복되나 싸리버섯에 의한 설사는 2~3일(경우에 따라서는 4~5일)이 지나야 회복된다. 한편 이러한 독버섯을 두 종류 이상 동시에 먹게 되면, 독성분의 상승작용에 의하여 위장계의 장해뿐만 아니라 더욱더 심각해지거나 치명적일 수 있다. 따라서 가능한 독버섯 종류를 정확하게 동정하여야 하며, 그에 따른 치료를 해야 한다. 심한 중독에는 체액과 전해질의 평형유지를 위한 감시가 필요하며, 간기능 검사와 신장기능 검사가 필요하다.

갈색고리갓버섯

Lepiota cristata (Bolton) P. Kumm.

분류 갓버섯속 Lepiota 주름버섯과 Agaricaceae 주름버섯목 Agaricales

형태적 특징 갓은 초기에 반구형 또는 종형이나 성장하면 반반구형 또는 중앙볼록편평형으로 된다. 표면은 성장 초기에는 평활하고 갈색 또는 적갈색이나 중앙부의 돌출부위를 제외하고 동

심원상으로 갈라져 작은 인피를 형성하며, 갈라진 사이로 백색의 섬유질이 나타난다. 조직은 육질형이며 얇고 백색이다. 불쾌한 냄새가 강하다. 주름살은 떨어진주름살형이고 빽빽하며, 백색이나 성장하면 옅은 황색을 띤다. 주름살 날은 다소 분질상이다. 대는 원통형이다. 표면은 건성이고 견사상 광택이 나며, 백색이나 점차 옅은 살구색으로 변한다. 대의 속은 비어 있다. 턱받이는 백색이고 섬유상 막질이나 쉽게 탈락한다.

발생 시기 및 장소 여름과 가을에 정원, 잔디밭이나 혼합림 내의 습한 땅 위에 홀로 또는 흩어져 발생하며 부생한다.

금관버섯

Baorangia pseudocalopus (Hongo) G. Wu & Zhu L. Yang

분류 금관버섯속 Baorangia 그물버섯과 Boletaceae 그물버섯목 Boletales

형태적 특징 갓은 반구형 또는 반반구형이고, 갓 끝은 안쪽으로 말려 있으나 성장하면 반반구형이거나 편평하게 펴진다. 표면은 건성이고 평활하거나 약간 면모상이며, 성장하면 종종 거북의

등 모양으로 갈라진다. 적갈색, 황갈색 또는 담적갈색, 담황적색을 띤다. 조직은 두껍고 육질이며 담황색이나 상처를 입으면 청색으로 변한 다음, 시간이 경과하면 퇴색하여 회색으로 된다. 미성숙한 것은 거의 청변하지 않거나 담청색을 띤다. 성숙한 자실체는 치즈 냄새가 나며 약간 신맛이 난다. 관공은 대에 완전붙은관공형 또는 짧은내린관공형이며 황색, 호박색에서 점차 갈색으로 변하고, 상처를 입으면 녹청색으로 변한다. 관공구는 원형 또는 각형이고 관공과 같은 색이며, 색 변화도 같은 양상이다. 대는 원통형이나 하부 쪽이 굵고 곤봉형이며, 표면은 상부에서 중반부까지 가느다란 망목이 있으며 황색을 띤다. 하부는 옅은 적색, 암적색 또는 암적갈색을 띠고 상처를 입으면 청변한다.

발생 시기 및 장소 여름과 가을에 적송림과 참나무 혼합림 내의 지상에서 비교적 드물게 발견된다.

긴골광대버섯아재비

Amanita longistriata S. Imai

■ **분류** 광대버섯속 Amanita 광대버섯과 Amanitaceae 주름버섯목 Agaricales

형태적 특징 자실체는 백색의 작은 난형이나 상단 부위가 갈라지면서 갓과 대가 나타난다. 갓은 초기에는 난형 또는 종형이나 성장하면 반반구형이 되거나 편평하게 펴진다. 표면은 평활하

고, 습할 때 다소 점성이 있으며 회갈색 또는 회색을 띠고 갓 주변부는 방사상으로 홈선이 있다. 조직은 비교적 얇고 백색이나 갓의 표피 하층은 회색을 띤다. 주름살은 대에 떨어진주름살형으로 약간 성글며 백색이나 점차 분홍색을 띤다. 주름살 날은 분질상이다. 대는 원통형이고 상부 쪽이 약간 가늘다. 표면은 평활하거나, 세로로 섬유상 선이 있고 백색이다. 턱받이는 백색의 막질이다. 대주머니는 백색이고 얇은 막질이다.

발생 시기 및 장소 여름과 가을에 활엽수림, 침엽수림 또는 혼합림의 지상에서 발견된다.

꽃버섯

Hygrocybe conica (Scop.) P. Kumm.

▍**분류** 꽃버섯속 Hygrocybe 벚꽃버섯과 Hygrophoraceae
　　주름버섯목 Agaricales

형태적 특징　갓은 초기에 원추형으로 선단은 뽀족하며, 성장 후에 중고편평형 또는 편평하게 펴진다. 표면은 방사상으로 섬유질이 있고, 습할 때 다소 매끄러운 점성이 생기며, 초기에는 아름

다운 적색, 등황색, 황색 등을 띠나 시간이 지나면 점차 흑색으로 변한다. 갓 끝은 종종 무딘 톱니형이거나 파상형이고, 주름살보다 신장되어 갓깃을 형성한다. 조직은 얇고 잘 부서지며 표피 하층은 등황색이고, 그 아래 조직은 담황색을 띠며 무취, 무미 또는 가끔은 약간 쓴맛이 있다. 주름살은 대에 거의 떨어진주름살형이고 비교적 넓으며 편복형이고, 약간 빽빽하거나 성글며 유백색 또는 담황색을 띤다. 상처를 입거나 성장 후에는 흑색으로 변한다. 짧은주름살은 1-2-가지형이며, 주름살 날은 평활하다. 대는 원통형이나 종종 대 기부 쪽이 가늘고 대부분 비틀려 있다. 표면은 종으로 섬유질이 있고, 성장 초기에는 유황색을 띠나 시간이 경과하면서 점차 등황적색 또는 등황색을 띠고, 성숙하면 검은색의 손거스러미상 인피가 점점 증가하고 변한다. 속은 비어 있다.

발생 시기 및 장소 여름과 가을에 초원, 고지대의 초원 목장 주위에 흩어져 나거나 소수가 무리 지어 발생하는 부후균이다. 국내에서는 제주도뿐만 아니라 전국에 매우 흔하게 발생한다.

노란각시버섯

Leucocoprinus birnbaumii (Corda) Singer

■ **분류** 각시버섯속 Leucocoprinus 주름버섯과 Agaricaceae
주름버섯목 Agaricales

형태적 특징 갓은 성장 초기에 원추형이나 성장하면 종형 반반구형 또는 중앙볼록편평형으로 된다. 표면은 건성이고 유황색 또는 난황색을 띠고 면모상의 인피가 있으며, 주변 부위에는 방

사상 홈선이 있어 부채형이다. 조직은 얇고 막질이며 노란색이다. 맛과 향기는 불분명하거나 부드럽다. 주름살은 대에 떨어진 주름살형이고 약간 빽빽하며, 폭은 좁고 연노란색이다. 주름살 날은 평활하다. 대는 원통형이고, 하부는 팽대하여 역곤봉형이다. 표면은 건성이며 유황색 또는 난황색을 띠고, 평활하거나 분질이 있으며 세로로 가늘고 미세한 섬유질 또는 면모상이 있다. 성장하면 대의 속은 비어 있다. 턱받이는 막질이고 유황색 또는 난황색을 띠며 조락성이다.

발생 시기 및 장소 늦봄과 가을에 정원, 온실, 화분, 대나무숲 내 지상에 홀로 또는 소수가 무리 지어 발생하며 부생한다.

노란개암버섯

Hypholoma fasciculare (Huds.) P. Kumm.

■ **분류** 개암버섯속 Hypholoma 포도버섯과 Strophariaceae
주름버섯목 Agaricales

형태적 특징 갓은 초기에 원추형이나 후에 반반구형 또는 중고편평형으로 되며, 전체가 유황색 또는 황록색을 띤다. 갓 주변부는 견사상 인편이 덮여 있으며 초기에는 끝이 안으로 말려 있

고, 종종 내피막의 일부가 갓 끝에 붙어 있다. 주름살은 완전붙은 주름살형이고 빽빽하며, 폭이 좁고 유황색 또는 녹황색이다. 대는 위아래 굵기가 같으며, 유황색이나 점차 황갈색 또는 갈색으로 된다. 내피막은 백색 또는 담황색의 섬유상이나 쉽게 소실되며, 포자가 낙하하면 암갈색의 내피막 흔적이 있다. 조직은 쓴맛이 난다.

발생 시기 및 장소 봄부터 가을까지 발생하며, 보통 침엽수의 고사목이나 활엽수 고사목에서 발견된다.

노란대주름버섯

Agaricus moelleri Wasser

분류 주름버섯속 Agaricus 주름버섯과 Agaricaceae 주름버섯목 Agaricales

형태적 특징 갓은 초기에 반구형이나 성장하면 반반구형이거나 편평하게 퍼지며 중앙볼록편평형으로 된다. 표면은 평활하고, 암갈색 또는 짙은 밤색이나 성장하면 갈라져 유백색 바탕에 회갈

색 또는 흑갈색의 섬유상 인편이 형성된다. 조직은 백색이다. 주름살은 떨어진주름살형이며 빽빽하고, 초기에는 백색이나 점차 분홍색을 띠다가 흑갈색으로 된다. 주름살 날은 평활하다. 대는 위아래 굵기가 비슷하나 기부는 다소 괴근상이다. 표면은 섬유질이며 견사상 광택이 나고 백색이며, 대 기부는 문지르면 황색으로 변한다. 대의 속은 점차 빈다. 턱받이는 막질이며 백색이고, 이중 턱받이이다.

발생 시기 및 장소 여름부터 가을까지 혼합림의 부식질이 많은 곳에서 흩어져 나거나 소수가 무리 지어 발생한다.

노란젖버섯

Lactarius chrysorrheus Fr.

분류 젖버섯속 Lactarius 무당버섯과 Russulaceae 무당버섯목 Russulales

형태적 특징 갓은 반반구형 또는 중앙오목반구형이고, 갓 끝은 대에 부착되어 있으나 성장하면 갓 끝이 퍼지며 편평형이거나 중앙오목편평형 또는 유깔때기형으로 된다. 표면은 평활하고 습

할 때 약간 점성이 있으며, 옅은 황갈색 또는 연한 살구색을 띠고 짙은 색의 동심원상 환문이 있다. 갓 표피층은 잘 벗겨지며, 표피 하층은 붉은색을 띠고 조직은 거의 백색이나 자르면 황변한다. 유액은 백색이나 상처를 입어 공기와 접하면 황변하며 매운맛이 난다. 주름살은 떨어진주름살형 또는 끝붙은주름살형이며 약간 빽빽하고 백색이나 점차 담황색으로 되며, 주름살 날은 평활하다. 대는 원통형으로 위아래 굵기가 비슷하다. 표면은 평활하거나 주름 모양의 종선이 있으며, 갓보다 옅은 색이나 후에 짙은 색으로 된다. 성장하면 대 속의 조직은 해면질이 되거나 비어 있다.

발생 시기 및 장소 가을에 참나무나 소나무(적송)가 혼재한 산림의 지상에 소수가 무리 지어 발생한다.

달화경버섯

Omphalotus japonicus (Kawam.) Kirchm. & O.K. Mill.

분류 화경버섯속 Omphalotus 화경버섯과 Omphalotaceae
주름버섯목 Agaricales

형태적 특징 갓은 어른 손바닥만 하며 조개형 또는 신장형이다. 표면은 황등갈색, 자갈색 또는 암자갈색을 띠고 짙은 색의 인피가 있다. 주름살은 내린주름살형이고 폭은 넓으며 약간 빽빽하

고 담황색 또는 백색이다. 빛이 없는 밤에는 청백색의 인광이 난다. 대는 짧고 뭉툭하며 편심생이고, 돌출된 불완전한 턱받이가 있다. 조직은 두껍고 육질형이며, 백색이나 기부를 세로로 절단하면 암자색의 반점이 있다. 맛과 향기는 부드럽다.

발생 시기 및 장소 여름과 가을에 서어나무, 너도밤나무류, 특히 서어나무의 고목에 무리 지어 발생한다.

독흰갈대버섯

Chlorophyllum neomastoideum (Hongo) Vellinga

분류 갈대버섯속 Chlorophyllum 주름버섯과 Agaricaceae
주름버섯목 Agaricales

형태적 특징 갓은 초기에 구형 또는 반구형이나 성장하면 반반구형 또는 중앙볼록편평형으로 된다. 표면은 건성이고 백색이며 섬유질상이다. 중앙 부위에 담황갈색의 대형 막질상 인편이

꽃잎 모양으로 갈라져 있거나 작은 인편이 소수 산재해 있다. 조직의 중앙 부위는 약간 두꺼우며 육질형이고, 백색이나 상처를 입으면 적색으로 변한다. 대 상단의 육질과 갓의 육질 사이에 분명한 경계가 없다. 주름살은 떨어진주름살형이고 빽빽하며 백색이다. 주름살 날은 분질상이다. 대는 원통형이고, 기부는 팽대하여 구근상이다. 표면은 건성이고, 초기에는 유백색이나 점차 갈색으로 변한다. 평활하거나 세로로 섬유상 선이 있다. 대의 속은 비어 있다. 턱받이는 반지형이며 가동성이다.

발생 시기 및 장소 가을에 밤나무 조림지나 목장 혹은 혼합림의 지상에서 발견된다.

맑은애주름버섯

Mycena pura (Pers.) P. Kumm.

분류 애주름버섯속 Mycena 애주름버섯과 Mycenaceae 주름버섯목 Agaricales

형태적 특징 갓은 초기에 종형 또는 반구형이고 끝은 곧으며, 성장하면 점차 반반구형이거나 편평하게 펴지고 종종 중고편평형이다. 표면은 평활하고 장미색, 자주색 또는 연보라색 등 다양하

며, 습할 때 반투명선이 나타난다. 조직은 얇고 회보라색, 자주색 또는 연보라색을 띠며 날감자 또는 무냄새가 난다. 주름살은 완전붙은주름살형 또는 짧은내린주름살형이고 회백색, 옅은 자주색 또는 옅은 분홍색을 띤다. 대는 원통형이고 위아래 굵기가 비슷하며, 드물게는 편압되어 있다. 표면은 평활하며 갓과 같은 회자색이다. 종종 기부에는 백색의 면모상 균사로 덮여 있으며, 성숙하면 대의 속은 비어 있다. 조직을 비벼서 냄새를 맡아보면 생감자 냄새가 난다.

발생 시기 및 장소 여름과 가을에 혼합림의 낙엽 위에 다수가 무리 지어 발생한다.

민들레젖버섯

Lactarius scrobiculatus (Scop.) Fr.

분류 젖버섯속 Lactarius 무당버섯과 Russulaceae 무당버섯목 Russulales

형태적 특징 갓은 중앙오목반구형 또는 중앙오목반반구형이고, 점차 편평하게 펴지거나 끝이 반전되어 깔때기형으로 된다. 표면은 평활하나 갓 주변 부위에는 부드러운 털이 밀포되어 있고

점차 평활하게 된다. 담황색, 암황색 또는 암황토색을 띠고 약간 짙은 색의 반점상 환문이 나타난다. 상처를 입으면 황색 또는 담갈색으로 변하고, 갓 표피는 잘 벗겨지며 습할 때는 점성이 현저하다. 조직은 담황백색이고 과일향이 난다. 유액은 맵고 다량이며, 백색이나 유황색으로 급변한다. KOH(수산화칼륨) 용액에서 등황색으로 변한다. 주름살은 완전붙은주름살형 또는 짧은내린주름살형이고 빽빽하며, 유백색 또는 담황색이나 상처를 입으면 암적갈색으로 변한다. 대는 원통형이고, 위아래 굵기가 비슷하다. 표면은 평활하며 유백색, 담황백색, 담황토색을 띠고 암황토색이나 황갈색의 곰보 모양 반점이 있다. 상처를 입으면 담황갈색으로 변한다.

발생 시기 및 장소 여름과 가을에 침엽수림의 지상에서 소수가 무리 지어 발생하는데, 매우 드물게 발견된다.

밤자갈버섯

Hebeloma vinosophyllum Hongo

분류 자갈버섯속 Hebeloma 포도버섯과 Strophariaceae 주름버섯목 Agaricales

형태적 특징 갓은 초기에 반구형 또는 반반구형이나 점차 편평해진다. 표면은 평활하고, 습할 때 점성이 있으며 등황백색, 잿빛을 띤 등색 또는 살구색이며, 끝 부위는 한층 옅은 색 또는 백

색이다. 성장 초기에는 갓 끝에 백색의 내피막이 있으나 성장하면 대의 상부에 거미줄 모양의 턱받이 흔적이 남아 있다. 약간 쓴맛이 있다. 주름살은 끝붙은주름살형 또는 홈주름살형이고, 약간 빽빽하며 백색이나, 성숙하면 적갈색 또는 황토색으로 변한다. 주름살 날은 분질상이다. 대는 원통형이고, 기부는 유구근상이다. 표면은 건성이고 종선이 있으며 등황백색 또는 등황갈색으로 된다. 턱받이는 대 상부에 거미집형으로 있으며 쉽게 소실한다.

발생 시기 및 장소 여름과 가을에 혼합림의 지상 또는 쓰레기장 주위에서 발생한다.

뱀껍질광대버섯

Amanita spissacea S. Imai

분류 광대버섯속 Amanita 광대버섯과 Amanitaceae 주름버섯목 Agaricales

형태적 특징 갓은 초기에 반구형 또는 반반구형이나 성장하면 편평형 또는 중앙오목편평형으로 된다. 표면은 건성이고 갈회색, 암회갈색 또는 암갈색 바탕에 암갈색 또는 흑갈색의 크고 작은

각추상 또는 사마귀상 분질돌기가 동심원상으로 산재되어 있다. 종종 갓 끝에 내피막 잔유물이 부착되어 있다. 조직은 두껍고 백색이며 육질형이다. 주름살은 떨어진주름살형이며 약간 빽빽하고, 주름살 날은 약간 분질상이다. 대는 원통형이고, 기부는 구근상이다. 표면은 백색이고, 턱받이 아래쪽은 회색 또는 회갈색의 섬유상 인편이 있으며, 구근상 바로 위에 2~5개의 불완전한 흑갈색의 띠가 있다. 턱받이는 백색이고 막질형이며 윗면에 방사상의 가는 홈선이 있고, 턱받이 가장자리는 흑갈색의 분질 띠가 있다.

발생 시기 및 장소 여름과 가을에 주로 침엽수림, 활엽수림 또는 혼합림의 지상에서 소수가 무리 지어 발생한다.

볼록포자갓버섯

Lepiota magnispora Murrill

분류 갓버섯속 Lepiota 주름버섯과 Agaricaceae 주름버섯목 Agaricales

형태적 특징 갓은 반구형, 둥근원추형, 중앙볼록편평형 또는 편평형으로 된다. 표면은 평활하고 갈색, 암황색 또는 황토색이며, 주변부는 옅은 색이고, 융모상으로 입상 인피가 동심원상으

로 산재해 있다. 조직은 얇고 백색이다. 주름살은 떨어진주름살형이고 약간 빽빽하며 백색 또는 암황색을 띤다. 대는 기부 쪽이 약간 굵다. 표면은 턱받이 아래쪽은 갓과 동일한 섬유상이거나 면모상이다. 턱받이 상부는 백색 견사상이다. 대 속은 비어 있다. 턱받이는 담황토색 또는 담황색을 띠며 면모상이고, 조락성으로 거의 흔적이 없다.

발생 시기 및 장소 여름과 가을에 매우 희귀하게 발견되며, 침엽수림과 활엽수림 또는 혼합림, 낙엽이 많은 습지에서 소수가 무리 지어 발생한다.

새주둥이버섯

Lysurus mokusin (L.) Fr.

분류 새주둥이버섯속 Lysurus 말뚝버섯과 Phallaceae 말뚝버섯목 Phallales

형태적 특징 자실체는 초기에 백색의 난형 또는 유구형이나 성장하면 외피막의 상단 부위가 갈라지고, 1개의 탁이 나타나며 4~5개의 원주상 또는 각주상의 기둥 모양이다. 상부는 가늘고

담홍색을 띠며, 하부는 더 옅은 색을 띤다. 대와 자실층이 확실히 구분되어 있고, 자실층은 대의 상단 부위에 있으며, 정단부는 결합되어 있다. 정단부에 각상 돌기가 있고, 각주면상에 흑갈색의 점액질 기본체(gleba)가 있다. 악취를 내며 속에 담자기를 형성하는 자실층이 있다.

발생 시기 및 장소 여름에 정원 산림 내 또는 도로변의 지상에 홀로 나거나 흩어져 발생하는 부후균이다.

암회색광대버섯아재비

Amanita pseudoporphyria Hongo

■ **분류** 광대버섯속 Amanita 광대버섯과 Amanitaceae 주름버섯목 Agaricales

형태적 특징 갓은 초기에 반구형이나 성숙하면 반반구형으로 되거나 편평하게 펴지고, 종종 중앙 부위가 약간 오목해진다. 습할 때 다소 점성이 있고 회색 또는 갈회색을 띠며, 갓 표면이나

끝에 백색 막질의 외피막 잔유물이 부착되어 있으나 쉽게 소실된다. 조직은 백색이고 육질이며, 맛과 향기는 불분명하거나 부드럽다. 주름살은 떨어진주름살형이며 빽빽하고, 주름살 날은 미세한 분질이 있다. 대는 원통형이고, 대기부는 팽대하여 굵고 종종 다시 가늘어져 뿌리 모양을 이루어 전체가 편복형으로 된다. 표면은 백색이고 손거스러미상 인피가 있다. 턱받이는 대의 상부에 있으며 백색이고 막질이며, 속은 차 있다. 대주머니는 백색이고 얇은 막질이다.

발생 시기 및 장소 여름과 가을에 참나무림(상수리, 졸참나무 등) 또는 침엽수림(적송)의 지상에서 흩어져 나거나 무리 지어 발생한다.

애우산광대버섯

Amanita farinosa Schwein.

분류 광대버섯속 Amanita 광대버섯과 Amanitaceae 주름버섯목 Agaricales

형태적 특징 갓은 초기에 유구형 또는 반구형이나 성장하면 반반구형으로 되거나 편평형으로 퍼진다. 표면은 건성이며 옅은 회색 또는 갈회색이고, 회색의 분질물로 덮여 있으나 분질물은

쉽게 소실된다. 갓 주변에 방사상의 홈선이 있다. 주름살은 떨어진주름살형이고 약간 빽빽하거나 성글며, 주름살 날은 분질상이다. 대는 원통형이며 기부가 약간 팽대하여 구근상을 이루고, 표면은 유백색 또는 옅은 회색을 띠며 갓과 동일한 분질물이 피복되어 있으나 쉽게 소실된다. 턱받이는 없다.

발생 시기 및 장소   여름과 가을에 적송 또는 침엽수와 참나무류의 혼합림 지역의 지상에서 흩어져 발생한다.

오징어새주둥이버섯

Lysurus arachnoideus (E. Fisch) Trierr.-Per. & Hosaka

분류 새주둥이버섯속 Lysurus 말뚝버섯과 Phallaceae 말뚝버섯목 Phallales

형태적 특징 자실체는 초기에 지중생 또는 지상생이며 백색의 구형, 유구형, 난형이고, 유백색 또는 분홍색을 띤 담황토색의 막질의 외피막(exoperidium)으로 싸여 있고, 기부에 백색 균사속이

있으며, 매트상의 두꺼운 균사괴를 형성한다. 성장하면 윗부분이 갈라지고 대가 나타나며, 상부에 자실탁은 직립상이다. 자실탁은 6~16개의 자실탁지로 되어 있으며, 계속 성장하면 수평의 방사상으로 펼쳐진다. 대는 백색의 원통형이고 1~2층의 포말상 소실로 되어 있는 위유조직이며, 속은 비어 있다. 자실탁지는 6~16개로 백색이고 끝은 가늘고 뾰족하고, 내부는 관상형의 소실이 단층으로 되어 있으며 가로로 주름이 잡혀 있고, 속은 비어 있다. 기본체는 자실탁지 기부 부위의 안쪽에 점액상이고 짙은 녹갈색으로 포자 덩어리를 형성하며 고약한 냄새가 난다.

발생 시기 및 장소 초여름부터 가을까지 정원이나 목장의 부식질이 풍부한 곳 또는 목재 파편상에 무리 지어 나거나 균륜을 이루며 발생하는 부후균이다.

좀은행잎버섯

Tapinella atrotomentosa (Batsch) Šutara

분류 은행잎버섯속 Tapinella 주름버짐버섯과 Tapinellaceae
그물버섯목 Boletales

형태적 특징 갓은 초기에 반구형 또는 반반구형이나, 성장 후에는 반반구형이 되거나 편평하게 펴지며 종종 중앙 부위는 함몰된다. 갓 끝은 초기에 안쪽으로 심하게 말려 있는데 상당 기간 말

려 있다. 표면은 녹갈색 또는 암갈색을 띠며, 미세한 융모상 털이 밀포되어 있으나 점차 소실되어 성숙 후에는 대부분 평활하다. 조직은 다소 두껍고 육질형이며, 유백색 또는 담황색이고 상처를 입어도 변색하지 않는다. 무미무취이다. 주름살은 내린주름살형이고 빽빽하며 좁고 불규칙하게 1회 또는 수회 분지가 일어나며, 종종 대의 부근에서 다소 망목상을 이룬다. 초기에 담황색이나 후에 황갈색을 띠고, 상처를 입어도 변색하지 않는다. 주름살 날은 평활하다. 대는 원통형이고 종종 굽어 있으며, 종종 기부 쪽이 약간 가늘고 편심형 또는 측심형이다. 표면은 녹갈색 또는 암갈색 바탕에 흑갈색의 거친 털이 밀포되어 있다.

발생 시기 및 장소 여름부터 가을까지 주로 침엽수의 고사목 기부, 뿌리 위 또는 그 주변의 지상에 무리 지어 발생한다. 드물게는 활엽수 고사목 위에도 발생한다. 다소 흔한 종이다.

주홍여우갓버섯

Leucoagaricus rubrotinctus (Peck.) Singer

분류 여우갓버섯속 Leucoagaricus 주름버섯과 Agaricaceae
주름버섯목 Agaricales

형태적 특징 갓은 초기에 반구형이나, 성장하면 반반구형 또는 중앙볼록편평형으로 되며, 갓 끝은 반전된다. 표면은 건성이고 평활하며 분홍갈색, 갈적색, 적갈색의 융모상이나 성장하면

산호색, 분홍등황색, 담적색을 띠고, 중앙 부위를 제외하고 점차 방사상으로 갈라져 섬유질 인피를 형성하며, 갈라진 사이로 옅은 백색의 육질이 나타난다. 조직은 얇고 백색이다. 주름살은 떨어진주름살형이고 빽빽하며 백색이다. 주름살 날은 다소 분질상이다. 대는 원통형이며, 기부는 팽대되어 있다. 백색이고 평활하다. 대의 속은 비어 있으며 잘 부서진다. 턱받이는 막질이고 백색이나 끝은 적색 띠가 있다.

발생 시기 및 장소 여름과 가을에 주위의 지상이나 정원에 소수가 무리 지어 발생한다.

큰비늘땀버섯

Inocybe calamistrata (Fr.) Gillet

분류 땀버섯속 Inocybe 땀버섯과 Inocybaceae 주름버섯목 Agaricales

형태적 특징 갓은 초기에 반구형이나 성장하면 반반구형으로 된다. 표면은 평활하거나 분질물이 있고, 성장하면 갈라져 손거스러미상의 인피 또는 끝이 위로 반전된 비늘 모양의 인피가 형

성된다. 회갈색 또는 암갈색을 띠고, 갓 끝은 초기에 안쪽으로 굽어 있으며 내피막의 일부가 부착되어 있다. 조직은 섬유상 육질이며 백색이나 자르고 난 후에 약간 붉은색으로 변하며, 밤꽃 냄새가 나고 맛은 약간 떫다. 주름살은 완전붙은주름살형 또는 홈주름살형이며 약간 성글고, 암백색이나 성장하면 갈색 또는 적갈색을 띤다. 주름살 날은 백색 분질이 있다. 대는 위아래 굵기가 비슷하다. 표면은 손거스러미상 섬유상 인피가 산재해 있으며 갈색을 띠고, 상부는 담갈색이며 미세한 면모상 분질이 있다. 대 기부는 청록색이다.

발생 시기 및 장소 여름과 가을에 드물게 관찰되는데, 주로 활엽수림과 침엽수림의 지상 또는 부식질이 없는 산성 토양에서 소수가 무리 지어 발생한다.

큰우산광대버섯

Amanita cheelii P.M. Kirk

■ **분류** 광대버섯속 Amanita 광대버섯과 Amanitaceae 주름버섯목 Agaricales

형태적 특징 자실체는 초기에 백색의 작은 난형이나 성장하면서 정단부의 외피막이 파열되어 갓과 대가 나타난다. 갓은 초기에는 반구형이나 성장 후에는 중앙볼록편평형 또는 편평형으로

된다. 표면은 습할 때 다소 점성이 있으며 평활하고 갈색, 회갈색, 황갈색 등의 다양한 색이며, 주변 부위는 옅은 색을 띠며 방사상의 선명한 홈선이 있다. 조직은 비교적 얇고 부드러우며 육질형이고 백색이나 표피층은 회갈색이다. 맛과 냄새는 특별하지 않다. 주름살은 대에 떨어진주름살형이고 약간 성글거나 빽빽하며, 주름살 날은 암회갈색의 분질상이다. 대는 원통형이며 위쪽이 다소 가늘다. 표면은 유백색 또는 회백색 바탕에 암회색의 미분질이 얼룩덜룩한 뱀 껍질 모양의 무늬가 있다. 대 기부에는 아래쪽은 대에 부착되어 있고 위쪽은 떨어진 백색 대주머니가 있다. 턱받이는 없고, 초기에는 대의 속이 차 있으나 성장하면 비어 있다.

발생 시기 및 장소 여름부터 가을까지 활엽수와 침엽수림 내 지상에 홀로 나거나 흩어져 발생하며, 외생균근형성균이다.

큰주머니광대버섯

Amanita volvata (Peck) Lloyd

분류 광대버섯속 Amanita 광대버섯과 Amanitaceae 주름버섯목 Agaricales

형태적 특징 자실체는 초기에 백색의 난형이나 상단 부위가 갈라지며 갓과 대가 나타난다. 갓은 어린 시기에는 종형 또는 반구형이나 성장하면 반반구형, 편평상 반반구형이거나 편평하게

펴진다. 표면은 건성이고 백색 또는 옅은 갈백색 바탕에 옅은 분홍갈색의 분질상 또는 면모상 인편이 있으며, 종종 막질의 외피막 일부가 부착되어 있다. 조직은 두껍고 육질형이며 백색이나 상처를 입으면 다소 붉게 변한다. 주름살은 떨어진주름살형이고 약간 빽빽하며 폭이 넓으며, 초기에는 백색이나 성숙하면 옅은 분홍적색을 띤다. 주름살 날은 분질상이거나 미세한 톱날형이다. 대는 원통형이나 일반적으로 상부 쪽이 가늘다. 표면은 백색 또는 옅은 갈백색을 띠며, 갓과 같은 분질상 인편이 있다. 막질의 턱받이는 없다. 대주머니는 매우 크고 두꺼우며 막질이고 유백색 또는 옅은 분홍갈색을 띤다.

발생 시기 및 장소 여름부터 가을까지 혼합림 내의 지상에 홀로 또는 흩어져 나거나 소수가 무리 지어 발생하는 외생균근균이다.

턱받이광대버섯

Amanita spreta (Peck) Sacc.

분류 광대버섯속 Amanita 광대버섯과 Amanitaceae 주름버섯목 Agaricales

형태적 특징 자실체는 백색의 작은 난형이나 점차 상단 부위가 갈라져 갓과 대가 나타난다. 갓은 초기에는 난형 또는 종형이나 성장하면 반반구형이거나 편평하게 펴진다. 표면은 평활하고, 습

할 때는 다소 점성이 있으며 회갈색 또는 회색을 띠고 방사상 홈선이 있다. 조직은 비교적 얇고, 갓의 표피 하층은 회색을 띤다. 주름살은 떨어진주름살형으로 약간 성글며 백색이다. 주름살 날은 분질상이다. 대는 원통형이고, 상부 쪽이 다소 가늘다. 표면은 평활하거나 종으로 섬유상 선이 있고 백색이며, 대의 속은 비어 있다. 턱받이는 막질이다. 대주머니는 백색이고 막질이다.

발생 시기 및 장소 여름과 가을 사이에 활엽수림, 침엽수림 또는 혼합림의 지상에서 흩어져 발생한다.

흰갈대버섯

Chlorophyllum molybdites (G. Mey.) Massee

분류 갈대버섯속 Chlorophyllum 주름버섯과 Agaricaceae
주름버섯목 Agaricales

형태적 특징 갓은 초기에 구형 또는 종형이나 성장하면 중고반반구형 또는 중고편평형으로 된다. 갓 표면은 건성이고 평활하며 짙은 갈색을 띠고, 성장하면 중앙 부위를 제외하고 불규칙하

게 갈라져 크고 작은 인편이 산재해 있으며, 갈라진 사이는 백색을 띠고 섬유질이거나 해면질이다. 조직은 두껍고 육질이며, 치밀하고 백색이나 성장하면 해면질로 되고 백색을 띤다. 맛과 향기는 큰갓버섯과 거의 동일하며 부드럽다. 주름살은 대에 떨어진 주름살형이고 빽빽하며, 편복형이고 폭은 넓으며, 어릴 때에는 백색을 띠고 후에 녹색 또는 회녹색을 띠며, 상처를 입으면 갈색으로 변하고, 주름살 날은 다소 분질상이다. 대는 원통형이고 위아래 굵기가 비슷하며, 기부는 팽대하여 구근상이다. 표면은 건성이고 평활하며, 어릴 때에는 백색을 띠나 성장하면 회갈색을 띠고, 섬유질이며 상부에 두꺼운 반지 모양의 가동성 턱받이가 있고, 성장하면 속은 비어 있다.

발생 시기 및 장소 봄부터 가을까지 초지 목장 등 유기질이 많은 곳에 발생하는 희귀종 버섯이다.

8 트리코테신 trichothecene 중독을 일으키는 버섯류

독성 분류

trichothecene

A형 트리코테신(예: T-2 toxin, HT-2 toxin, diacetoxyscirpenol)이 B형 트리코테신(예: deoxynivalenol, nivalenol, 3-과 15-acetyldeoxynivalenol)보다 독성이 더 커서 보건적으로 문제가 더 크다.

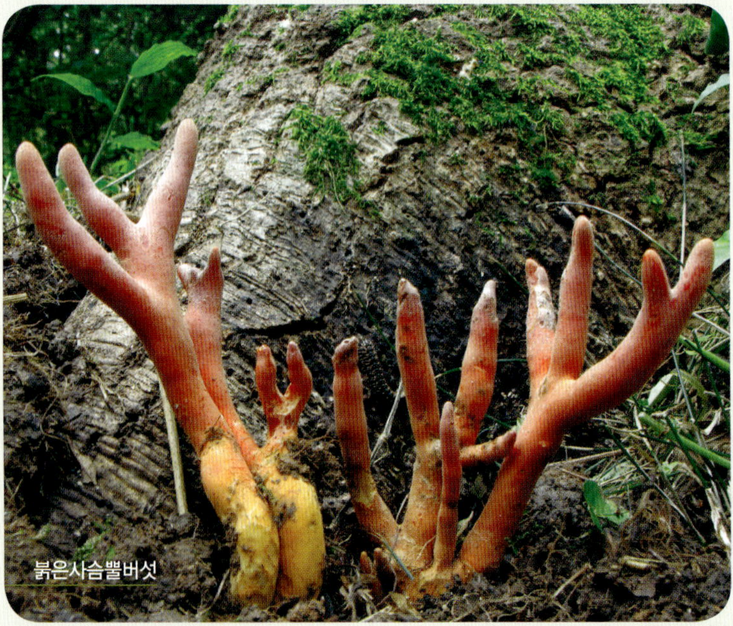
붉은사슴뿔버섯

독성 약역학

곰팡이 독소 중 가장 맹독성을 가지고 있으며 소량으로도 치사율이 매우 높다. 독성분은 세스키테르펜 화합물로 새트라 독소(satratoxin) H, 로리딘(roridin) E, 베루카린(verrucarin) 등의 트리코테신이 함유되어 있다.

중독 증상

식후 30분 정도에 오한, 복통, 두통, 손발저림, 구토, 설사, 목마름 등 위장계부터 신경계 증상이 나타난다. 그 후 신부전, 호흡기부전, 순환기부전, 뇌장해 등 전신에 증상이 나타나고 사망에 이른다. 안면탈피와 점막 짓무름, 탈모 등 표면에 나오는 증상이 특징적이고, 독성분의 피부 자극성이 높으므로 즙을 피부에 닿게 하면 좋지 않다. 골수 내 조혈세포의 감소와 말초혈액의 백혈구 감소가 특징 질환인 재생불량성 빈혈 증상이 나타나기도 하며, 인후통, 급성 편도염 등이 나타난다. 현저한 백혈구 감소와 혈소판 감소를 보인다.

붉은사슴뿔버섯

Podostroma cornu-damae (Pat.) Boedijin

분류 사슴뿔버섯속 Podostroma 점버섯과 Hypocraceae
동충하초목 Hypocreales

형태적 특징 자실체는 원통형이며, 종종 손가락 또는 뿔 모양의 분지를 형성하며, 정단부는 둥글거나 뾰족하다. 표면은 평활하며 분질상이고 적등황색 또는 등황적색을 띤다. 조직은 흰색이며 냄새는 불분명하고, 맛은 부드럽다.

발생 시기 및 장소 여름과 가을에 활엽수 또는 침엽수의 그루터기 위 또는 그루터기 주위에 발생하며, 국내에서는 비교적 드물게 발생한다.

INDEX
찾아보기

ㄱ

갈색고리갓버섯 • 168

갈색날끈끈이버섯 • 39

갈색먹물버섯 • 124

갈잎에밀종버섯 • 92

갈황색미치광이버섯 • 152

개나리광대버섯 • 94

개암버섯 • 24

검은띠말똥버섯 • 154

검은망그물버섯 • 156

계란말똥버섯 • 158

곰보버섯 • 112

국수버섯 • 26

그물버섯아재비 • 28

금관버섯 • 170

기와버섯 • 30

긴골광대버섯아재비 • 172

까치버섯 • 32

깔때기버섯 • 132

꽃버섯 • 174

꽃송이버섯 • 34

꾀꼬리버섯 • 36

끈적끈끈이버섯 • 38

ㄴ

난버섯 • 41

노란각시버섯 • 176

노란개암버섯 • 178

노란난버섯 • 40

노란달걀버섯 • 53

노란대주름버섯 • 180

노란망말뚝버섯 • 55

노란젖버섯 • 182

노란종버섯 • 160

노란창싸리버섯 • 27

노랑느타리 • 45

노루궁뎅이 • 42

느타리 • 44

자연에서 쉽게 만나는 **식용버섯 독버섯**

능이 • 46

ㄷ

다발왕송이 • 48

다색벚꽃버섯 • 50

달걀버섯 • 52

달화경버섯 • 184

독우산광대버섯 • 96

독흰갈대버섯 • 186

땅찌만가닥버섯 • 71

ㅁ

마귀곰보버섯 • 114

마귀광대버섯 • 146

말똥버섯 • 162

말뚝버섯 • 55

맑은애주름버섯 • 188

망태말뚝버섯 • 54

먹물버섯 • 56

목이 • 58

민들레젖버섯 • 190

민자주방망이버섯 • 60

ㅂ

바늘땀버섯 • 134

밤색갓버섯 • 98

밤자갈버섯 • 192

배불뚝이연기버섯 • 126

뱀껍질광대버섯 • 194

볼록포자갓버섯 • 196

분홍느타리 • 45

붉은꾀꼬리버섯 • 37

붉은사슴뿔버섯 • 222

붉은창싸리버섯 • 27

비늘새잣버섯 • 62

비듬땀버섯 • 136

비탈광대버섯 • 100

빨간난버섯 • 41

뽕나무버섯 • 64

뽕나무버섯부치 • 65

ㅅ

산느타리 • 45

삿갓땀버섯 • 138

새주둥이버섯 • 198

솔땀버섯 • 140

송이 • 66

수실노루궁뎅이 • 43

ㅇ

안장마귀곰보버섯 • 116

암회색광대버섯아재비 • 200

애우산광대버섯 • 202

연기색만가닥버섯 • 71

오징어새주둥이버섯 • 204

와인잔안장버섯 • 118

원반버섯 • 120

이끼에밀종버섯 • 102

잎새버섯 • 68

ㅈ

자주국수버섯 • 27

자주방망이버섯아재비 • 61

잿빛만가닥버섯 • 70

절구무당버섯아재비 • 104

접시껄껄이그물버섯 • 29

좀노란창싸리버섯 • 27

좀은행잎버섯 • 206

좀환각버섯 • 164

주름버섯 • 72

주홍여우갓버섯 • 208

ㅊ

참부채버섯 • 74

ㅋ

큰갓버섯 • 76

큰비늘땀버섯 • 210

큰우산광대버섯 • 212

큰주머니광대버섯 • 214

ㅌ

턱받이광대버섯 • 216

턱받이종버섯 • 106

털목이 • 59

ㅍ

파리버섯 • 148

팽나무버섯(팽이) • 78

표고 • 80

풀버섯 • 82

ㅎ

황갈색해그물버섯 • 29

황금흰목이 • 87

회색두엄먹물버섯 • 128

흑자색그물버섯 • 29

흰갈대버섯 • 218

흰굴뚝버섯 • 84

흰달걀버섯 • 53

흰땀버섯 • 142

흰목이 • 86

흰비단털버섯 • 83

흰알광대버섯 • 108

참고문헌

독버섯 도감(2011), 석순자·김양섭·김완규·서장선·정미혜·
임경수·손창환·이윤선, 푸른행복.

숲속의 식용버섯(2014), 석순자·권순우·김완규·이규성,
농촌진흥청 국립농업과학원.

숲속의 독버섯(2014), 가강현·박원철·조성택·최돈하, 산림청
국립산림과학원.

독버섯 쉽게 알아보기(2015), 석순자·임경수·손창환·정미혜,
푸른행복.

야생버섯 도감(2016), 김양섭·석순자, 푸른행복.

자연버섯 도감(2017), 석순자·장현유·박영준, 푸른행복.